高等院校机械类创新型应用人才培养规划教材

工程制图

主　编　孙晓娟　徐丽娟
副主编　王慧文　马武学　张春福
参　编　杨世平

内 容 简 介

本书是根据教育部高等学校工程图学教学指导委员会《普通高等院校工程图学课程教学基本要求》及最新发布的与机械制图有关的国家标准,并吸收编者近年来的教改经验编写而成的。

本书主要内容包括:工程制图的基本知识和技能,正投影法基础,换面法,组合体,机件常用的表达方法,标准件和常用件,零件图,装配图,附录。

本书可作为高等学校工科近机类各专业工程制图课程的教材,也可供相近专业的师生及工程技术人员参考。

图书在版编目(CIP)数据

工程制图/孙晓娟,徐丽娟主编. —北京:北京大学出版社,2011.8
高等院校机械类创新型应用人才培养规划教材
ISBN 978-7-301-19428-7

Ⅰ. ①工…　Ⅱ. ①孙…②徐…　Ⅲ. ①工程制图—高等学校—教材　Ⅳ. TB23

中国版本图书馆 CIP 数据核字(2011)第 172237 号

书　　　名:	工程制图
著作责任者:	孙晓娟　徐丽娟　主编
策 划 编 辑:	童君鑫
责 任 编 辑:	周　瑞
标 准 书 号:	ISBN 978-7-301-19428-7/TH·0260
出　版　者:	北京大学出版社
地　　　址:	北京市海淀区成府路 205 号　100871
网　　　址:	http://www.pup.cn　http://www.pup6.cn
电　　　话:	邮购部 010-62752015　发行部 010-62750672　编辑部 010-62750667
电 子 邮 箱:	pup_6@163.com
印　刷　者:	北京虎彩文化传播有限公司
发　行　者:	北京大学出版社
经　销　者:	新华书店
	787 毫米×1092 毫米　16 开本　15.25 印张　351 千字
	2011 年 8 月第 1 版　2023 年 7 月第 3 次印刷
定　　　价:	49.00 元

未经许可,不得以任何方式复制或抄袭本书之部分或全部内容。
版权所有,侵权必究　　举报电话:010-62752024
电子邮箱:fd@pup.pku.edu.cn

前　言

本书根据教育部高等学校工程图学教学指导委员会《普通高等学校工程图学课程教学基本要求》及最新发布的与技术制图有关的国家标准，认真总结和充分吸收编者近年的教学与教改成功经验的基础上编写而成。

本书主要有以下特点。

(1) 本书在现有的学时下较全面、系统、准确地论述基本投影理论，注意对这些理论进行新的总结和提炼。本书以正投影法的投影为基础理论，在此基础上适当补充了换面法构形设计内容。立足于培养学生形象思维能力、空间想象力和表达创新设计思想的能力。

(2) 本书以本门课程的"主要目的是培养学生绘图和读图的能力"为依据，遵循少而精的原则，加强基础，突出重点，分散难点，注重实用性。为使学生能正确绘制和阅读简单的机械图样提供了足够的投影理论基础。

(3) 徒手绘制草图的方法与技能训练贯穿全书，既有利于加强学生徒手画草图能力的培养，又有利于加速培养学生的空间想象能力。

(4) 在便于学生自学的前提下，力求表述简练。精心设计和选用图例，将文字说明和图例紧密结合，使描述重点突出，条理分明。

(5) 在文字叙述上，既注意准确地阐明基本理论和基本知识，也注意通过各种结构形式的组合体和机件讲清绘图和看图的方法，为学生进一步提高绘图和看图能力打下比较坚实的基础。本书全部采用我国最新颁布的《技术制图》与《机械制图》国家标准及与制图相关的其他标准。

本书由孙晓娟、徐丽娟担任主编，王慧文、马武学、张春福担任副主编。

参加本书编写的有：孙晓娟（第 2 章、前言、绪论），徐丽娟（第 3 章、第 6 章、附录 2、附录 4），王慧文（第 7 章、附录 1、附录 3、附录 5），马武学（第 1 章、第 4 章），张春福（第 8 章）、杨世平（第 5 章）。

本书在编写过程中参考了一些同行老师所编写的教材、书籍和文献等。在此一并表示衷心的感谢！

由于编者水平有限，编写时间仓促，书中难免有疏漏之处，恳请使用本书的师生和有关人士批评指正。

编　者

2011 年 5 月

目 录

绪论 ……………………………………… 1

第1章 工程制图的基本知识和技能 … 3
1.1 国家标准有关制图的规定 ………… 3
1.2 手工绘图工具、仪器的使用
方法 ……………………………… 12
1.3 几何作图方法 …………………… 15
1.4 平面图形的分析与尺寸标注 …… 20
1.5 制图的一般方法和步骤 ………… 23

第2章 正投影法基础 …………………… 26
2.1 投影法概述 ……………………… 26
 2.1.1 投影法的基本概念 ………… 26
 2.1.2 投影法的分类 ……………… 27
 2.1.3 正投影的基本性质 ………… 27
 2.1.4 工程上常用的投影图 ……… 29
2.2 三视图的形成及其投影规律 …… 30
 2.2.1 三投影面体系 ……………… 30
 2.2.2 三投影面的形成 …………… 31
 2.2.3 三面投影的投影规律 ……… 32
2.3 立体的投影 ……………………… 33
 2.3.1 基本体概述 ………………… 33
 2.3.2 平面立体的投影分析 ……… 33
 2.3.3 平面立体表面上取点 ……… 35
 2.3.4 曲面立体的投影分析 ……… 36
 2.3.5 曲面立体表面上取点 ……… 40
2.4 平面与立体表面相交 …………… 42
 2.4.1 平面与平面立体相交 ……… 42
 2.4.2 平面与曲面立体相交 ……… 44
 2.4.3 截交线投影综合举例 ……… 47
2.5 立体与立体相交 ………………… 49

第3章 换面法 …………………………… 54
3.1 换面法概述 ……………………… 54

3.2 点的换面 ………………………… 55
 3.2.1 点的一次换面 ……………… 55
 3.2.2 点的二次换面 ……………… 57
3.3 直线的换面 ……………………… 57
 3.3.1 将一般位置直线变为投影面
    平行线 ……………………… 57
 3.3.2 将投影面平行线变换为投影面
    垂直线 ……………………… 59
 3.3.3 将一般位置直线变换为投影面
    垂直线 ……………………… 59
3.4 平面的换面 ……………………… 60
 3.4.1 将一般位置平面变换为投影面
    垂直面 ……………………… 60
 3.4.2 将投影面垂直面变换为投影面
    平行面 ……………………… 61
 3.4.3 将一般位置平面变换为投影面
    平行面 ……………………… 61

第4章 组合体 …………………………… 62
4.1 组合体的构成 …………………… 62
 4.1.1 组合体的形体分析 ………… 62
 4.1.2 组合体的组合形式及其
    表面关系 …………………… 63
4.2 组合体视图的画法 ……………… 65
 4.2.1 叠加组合体视图的画法 … 65
 4.2.2 挖切组合体视图的画法 … 66
4.3 组合体的尺寸标注 ……………… 68
 4.3.1 组合体的尺寸标注的基本
    要求 ………………………… 68
 4.3.2 组合体的尺寸分析 ………… 68
 4.3.3 组合体尺寸标注的方法和
    步骤 ………………………… 71
4.4 读组合体视图 …………………… 73
 4.4.1 读图的基本方法 …………… 73
 4.4.2 读图的基本知识 …………… 74
 4.4.3 读组合体视图步骤 ………… 77

4.4.4　已知组合体的两视图补画
　　　　　第三视图 ………………… 80

第5章　机件常用的表达方法 ……… 83

5.1　视图 …………………………… 83
　　5.1.1　基本视图 ………………… 83
　　5.1.2　向视图 …………………… 85
　　5.1.3　局部视图 ………………… 85
　　5.1.4　斜视图 …………………… 86
5.2　剖视图 ………………………… 87
　　5.2.1　剖视图的概念 …………… 87
　　5.2.2　剖视图的画法 …………… 87
　　5.2.3　剖视图的标注 …………… 90
　　5.2.4　剖视图的种类 …………… 90
　　5.2.5　切平面的种类与剖切方法 … 93
5.3　断面图 ………………………… 97
　　5.3.1　断面的概念 ……………… 97
　　5.3.2　移出断面图 ……………… 98
　　5.3.3　重合断面图 ……………… 99
5.4　规定画法和简化画法 ………… 100
　　5.4.1　局部放大图 ……………… 100
　　5.4.2　规定画法 ………………… 101
　　5.4.3　简化画法 ………………… 102
5.5　表达方法的综合举例 ………… 104

第6章　标准件和常用件 …………… 110

6.1　螺纹 …………………………… 110
　　6.1.1　螺纹的形成及加工 ……… 110
　　6.1.2　螺纹的要素 ……………… 111
　　6.1.3　螺纹的分类 ……………… 113
　　6.1.4　螺纹的规定画法 ………… 113
　　6.1.5　螺纹的标记 ……………… 115
6.2　螺纹紧固件 …………………… 117
　　6.2.1　螺纹紧固件的种类
　　　　　和标记 ……………………… 117
　　6.2.2　螺纹紧固件连接的
　　　　　画法 ………………………… 118
6.3　键与销 ………………………… 122
　　6.3.1　键 ………………………… 122
　　6.3.2　销 ………………………… 124

6.4　齿轮 …………………………… 125
　　6.4.1　圆柱齿轮各部分的名称
　　　　　及几何尺寸的计算 ……… 126
　　6.4.2　圆柱齿轮的规定画法 …… 127
6.5　滚动轴承 ……………………… 130
　　6.5.1　滚动轴承的结构、
　　　　　类型 ………………………… 130
　　6.5.2　滚动轴承的代号、
　　　　　标记 ………………………… 130
　　6.5.3　滚动轴承的画法 ………… 131
6.6　弹簧 …………………………… 132
　　6.6.1　圆柱螺旋压缩弹簧各部分
　　　　　名称及尺寸关系 …………… 132
　　6.6.2　圆柱螺旋压缩弹簧的
　　　　　规定画法 …………………… 133
　　6.6.3　圆柱螺旋压缩弹簧的
　　　　　零件图 ……………………… 134

第7章　零件图 ……………………… 136

7.1　零件图的作用和内容 ………… 136
　　7.1.1　零件图的作用 …………… 136
　　7.1.2　零件图的内容 …………… 137
7.2　零件图的视图选择 …………… 138
　　7.2.1　主视图的选择 …………… 138
　　7.2.2　其他视图的选择 ………… 139
7.3　零件图的尺寸标注 …………… 141
　　7.3.1　零件图尺寸标注的
　　　　　基本要求 …………………… 141
　　7.3.2　正确选择尺寸基准 ……… 141
　　7.3.3　合理标注尺寸应注意
　　　　　的问题 ……………………… 142
7.4　零件图的技术要求 …………… 146
　　7.4.1　表面粗糙度 ……………… 147
　　7.4.2　极限与配合 ……………… 151
　　7.4.3　形状和位置公差简介 …… 158
　　7.4.4　形状和公差的注法 ……… 162
　　7.4.5　热处理和表面处理 ……… 165
7.5　零件的常见工艺结构 ………… 165
　　7.5.1　零件的铸造工艺结构 …… 166
　　7.5.2　机械加工工艺对零件结构
　　　　　的要求 ……………………… 168

7.6 常见典型零件图分析 …………… 170
7.7 零件的测绘方法 ………………… 177

第8章 装配图 ………………………… 181

8.1 装配图的作用和内容 …………… 181
    8.1.1 装配图的作用 ……………… 181
    8.1.2 装配图的内容 ……………… 182
8.2 装配图的表达方法 ……………… 183
    8.2.1 装配图的常规画法 ………… 183
    8.2.2 装配图的规定画法 ………… 183
    8.2.3 装配图的简化画法 ………… 183
    8.2.4 装配图的特殊画法 ………… 185
8.3 装配结构的工艺性 ……………… 186
    8.3.1 装配结构的合理性 ………… 186
    8.3.2 装配图中常见的装置 ……… 188
8.4 装配图的尺寸标注和技术要求 ………………………………… 189
    8.4.1 装配图上的尺寸标注 ……… 189
    8.4.2 装配图上的技术要求 ……… 190
8.5 装配图的零件序号和明细栏 …… 190
    8.5.1 零件序号及其编排 ………… 190
    8.5.2 明细栏 ……………………… 191
8.6 装配图的绘制方法和步骤 ……… 192
8.7 装配图阅读及由装配图拆画零件图 ………………………………… 202
    8.7.1 读装配图的方法和步骤 …… 202
    8.7.2 由装配图拆画零件图 ……… 205

附录1 常用零件的结构要素 ………… 209

附录2 螺纹 …………………………… 210

附录3 极限与配合 …………………… 212

附录4 常用的标准件 ………………… 224

附录5 砂轮越程槽 …………………… 233

参考文献 ………………………………… 234

绪 论

1. 本课程的研究对象及主要任务

在机械制造业中,机械设备是根据图样加工制造的。如果要生产一部机器,首先必须画出表达该机器的装配图和所有零件图,然后根据零件图制造出全部零件,再按照装配图装配成机器。在工程技术中,工程图样是生产中不可缺少的技术文件。它是工程和产品信息的载体,人们通过图样来表达设计思想。图样不但是指导生产的重要技术文件,而且是进行技术交流的重要工具。因此,图样是每一个工程技术人员必须掌握的"工程界的语言"。

工程制图课程是一门研究绘制和阅读工程图样的技术基础课。它来源于对空间物体形与位的研究,是一门以几何学为基础、工程构形为目标的学科。工程制图的核心内容是以投影几何、投影构形为基础建立起来的工程构形及其图示图解,它的研究对象是以图形为主的工程图样,它是工程设计、制造和施工过程中用来表达设计思想的主要工具。在现代工业中,无论是机器、仪器、仪表、化工设备,还是工程建筑物的设计、建造、研究和施工等,都离不开工程图样;而在使用及进行技术交流过程中,也常常要通过阅读工程图样来了解所研究的对象的结构和性能。长期以来,工程图样一直是工业生产中重要的技术文件,是工程上用来表达和交流技术思想的不可缺少的重要工具。因而它被誉为"工程界的共同语言",每个工程技术人员都必须牢牢掌握这种语言。其主要任务如下。

(1) 培养学生掌握正投影的理论及用二维平面图形表达三维图形转换的能力。

(2) 培养学生空间图形的想象力、空间图形的分析能力以及二、三维能力。

(3) 培养学生创造性构型设计能力。

(4) 培养学生正确使用绘图仪器和工具、徒手绘图的技能,同时具备查阅各标准件与常用件、标准结构及各项技术要求等国家标准的能力,并掌握看图和绘图的技巧。

(5) 培养学生严格遵守《技术制图》、《机械制图》等国家标准的意识和认真细致的工作态度及严谨踏实的工作作风。

2. 本课程的性质及内容

本课程是一门理论严谨、实践性强,与工程实践有着密切联系的基础课;对培养学生掌握科学思维方法,增强创新意识有重要的作用;它研究的是绘制和阅读工程图样的原理和方法,同时培养学生的空间想象和形象思维能力,也是普通高等院校本科理工科专业重要的技术基础课程。

本课程的内容分为两大部分:工程图学基础和工程图样绘制与阅读。具体内容可分为三个方面。

(1) 相关国家标准基本规定以及投影法的基本理论。

(2) 绘制和看懂简单的零件图和装配图。

3. 本课程的学习方法

学好本课程一般应做到以下几点。

(1) 牢固掌握投影理论和投影方法，培养和提高空间思维能力，并在理解的基础上由浅入深根据物体画图和根据图样想象物体的形状，反复进行训练，从而掌握一定的绘图和读图能力。

(2) 认真完成每章习题（习题集），在作业的过程中养成正确使用绘图工具和仪器的习惯，牢牢把握机械制图基本理论和基本方法，严格遵守国家标准的各项规定，切忌死记硬背、只翻书懒动手的不良习惯，通过作业培养绘图和读图能力。

(3) 经常深入生产实际，向有经验的工程技术人员和工人师傅学习，不断增加和丰富自己的工程实践知识。同时注意克服自己在学习和绘图过程中的急躁情绪与粗糙马虎等不良习惯，逐步养成勤于思考、勇于拼搏、认真负责、精益求精的良好作风。

4. 我国工程图学的发展概况

纵观我国工程图学的发展，大致分3个阶段。

(1) 古代积累了许多经验，留下了丰富的历史遗产。我国在工程图学方面有着悠久的历史，从出土的陶器、骨板和铜器等文物上的花纹考证，早在四千多年前的殷商时代，我们的祖先当时就已有简单的绘图能力，掌握了绘画几何图形的技能。三千多年前的春秋时代，我国劳动人民就创造了"规、矩、绳、墨、悬、水"等绘图工具。宋代是我国古代工程图学发展的全盛时期，建筑制图以李诫的《营造法式》（公元1100年成书，公元1103年刊行）为代表，共36卷，其中建造房屋的图样达6卷之多，对建筑制图的规格、营造技术、工料等阐述详尽，有很高的水平。机械制图以曾公亮的《武经总要》为代表。书中已能用透视投影、平行投影等投影法来绘制物体形状，其中图样绘制、线型采用及文字技术说明等都明显反映制图的规范化和标准化情况。明代宋应星所著《天工开物》中大量图例正确运用了轴测图来表示工程结构，清代程大位所著《算法统筹》中有丈量步车的装配图和零件图。

(2) 建国以后制图技术重新得到了快速发展。由于中国长期处于封建制度统治下，工农业生产发展迟缓，近代又经历了鸦片战争、抗日战争等，制图技术的发展也受到阻碍。建国以后，我国各行各业处于百业待兴状态，党和政府及时把工作中心调整到经济建设上来，先后制定了10个"五年计划"及目前的"十二五"规划。这期间我国的各行各业得到了快速发展，我国的工程图学也有了较快的发展，在理论图学、应用图学、计算机图学、制图技术、制图标准、图学教学等各个方面，都有了相应的发展。《工程制图》教科书建立在投影理论的基础上，很大程度上依附于国家技术制图标准。

(3) 电子技术时代，使制图技术产生革命性的飞跃。随着科学技术的突飞猛进，制图理论与技术等得到很大的发展。尤其是在电子技术迅速发展的今天，人们把数控技术应用于制图领域，于是在20世纪中叶产生了第一台绘图机，它的诞生使制图技术产生了革命性的飞跃。人们从此由原来的手工绘图开始逐步走向半自动化乃至实现制图技术自动化。现在的一些企业、设计院中已很少摆放过去用的图板，取而代之的是一台台计算机、打印机和绘图机。由于CAD、CG等技术的发展，采用计算机绘图在工业生产的各个领域已经得到了广泛的应用，人们在进行产品设计时，也将越来越多地使用三维图形。在得到直观形象的同时，还可将计算机内部自动生成的数据文件传输给数控机床，从而加工出合格的零件。可见，随着各种先进的绘图软件的推出，工程制图技术必将在我国的四个现代化建设中发挥出越来越重要的作用。

第 1 章 工程制图的基本知识和技能

工程图样是工程界共同的技术语言,是表达技术人员设计思想、交流技术经验的方法之一,是现代工业生产中的重要技术文件。因此,必须对此做出统一的规定。中华人民共和国国家标准《技术制图》和《机械制图》是统一我国制图实践标准的最具权威的强制性文件,每一位工程技术人员在绘制图样时,都应严格遵守和贯彻执行。

要求学生通过学习本章内容,逐渐熟悉国家标准中图幅的幅面及格式、比例、字体、尺寸标注和线型等基本规定,了解绘图仪器的使用方法,掌握并严格遵守《机械制图》国家标准的有关规定,学会并熟练掌握机械制图中的基本几何作图原理,为正确、合理、灵活地运用这些原理进行工程图样的绘制和阅读打好基础。

1.1 国家标准有关制图的规定

为了规范各项技术工作,便于管理和交流,国家质量监督局发布了《技术制图》和《机械制图》等一系列国家标准。对图样的内容、格式、表达方法等都作了统一规定。作为工程技术人员必须严格遵守这些规定,树立标准化的概念。

国家标准简称国标,其代号是 GB。

国家标准代号中各字母、数字表示的意义如下。

例如国家标准:图纸幅面和格式(GB/T 14689—1993)

标准中　GB——为国(Guo)标(Biao)二字汉语拼音第一个字母,意为国家标准。

　　　　T——为推荐的"推"字的汉语拼音字头。

14689——为标准的编号。

1993——为该标准颁布的年份。

本节介绍图纸幅面、格式、比例、字体、图线、尺寸标注法等制图标准中的内容。

一、图纸幅面、格式和标题栏

1. 图纸幅面（GB/T 14689—1993）

图纸幅面是指图纸宽度和长度组成的图面。图纸幅面有基本幅面和加长幅面两类。绘制技术图样时，优先选用表1-1中的基本幅面规格尺寸。

表1-1 图纸幅面尺寸和图框尺寸

幅面代号	A0	A1	A2	A3	A4
B×L	841×1189	594×841	420×594	297×420	210×297
e	20	20	20	10	10
c	10	10	10	5	5
a	25	25	25	25	25

必要时，可以选用加长幅面规格尺寸。加长幅面是按基本幅面的短边成整数倍增加。

2. 图框格式（GB/T 14689—1993）

图框是图纸上限定绘图区域的线框。在图纸上，必须用粗实线画出图框，图样画在图框内部。图框格式分为留装订边和不留装订边两种，如图1.1和图1.2所示。

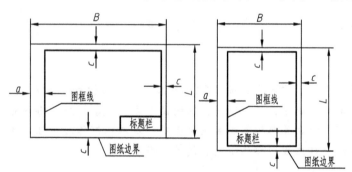

图1.1 留有装订边的图框格式

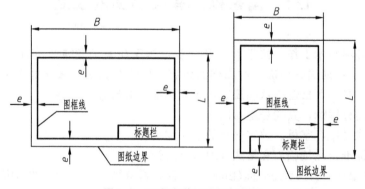

图1.2 不留有装订边图框格式

3. 标题栏

标题栏是由名称、代号区、签字区、更改区和其他区域组成的栏目。标题栏的基本要求、内容、尺寸和格式由 GB/T 10609.1—1989《技术制图标题栏》规定。标题栏位于图纸右下角，底边与下图框线重合，右边与右图框线重合。

零件图采用图1.3所示的标题栏，装配图标题栏的格式及尺寸如图1.4所示。

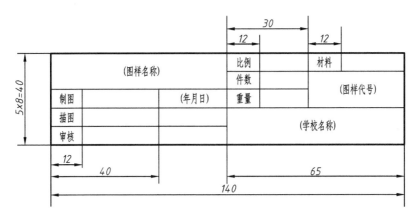

图1.3 零件图标题栏的格式及尺寸

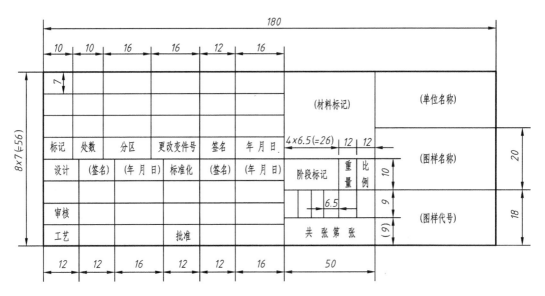

图1.4 装配图标题栏的格式及尺寸

标题栏的文字方向通常为看图方向，有时为了充分利用已印刷好的图纸，不能使文字方向和看图方向保持一致时，必须用方向符号指示看图方向，方向符号是细实线绘制的等边三角形，放置在图纸下端对中符号处。方向符号的大小和位置如图1.5所示。

为使图样复制和缩微摄影时定位方便，在图纸各边中点处分别用粗实线绘制对中符号，其长度自边界开始深入图框内5mm，如图1.5所示。

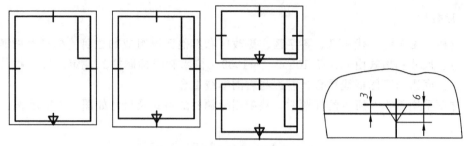

图 1.5 有对中符号的图框格式

二、比例(GB/T 14689—1993)

比例是图样中图形与其实物对应要素的线性尺寸之比。作图时,应尽可能地按机件的实际大小画出以方便看图。如果机件太大或太小,可采用缩小或放大的比例画图。国家标准中有推荐供优先选用的比例,见表 1-2。必要时也允许采用图 1-3 中的比例。同一机件不同视图应采用相同的比例,比例应标在标题栏中,个别视图采用与标题栏不同的比例,应在视图名称的下方或右侧标注比例。

表 1-2 优先选用的比例

种类	优先选用的比例		
原值比例	1∶1		
放大比例	2∶1	5∶1	
	$1 \times 10^n \colon 1$	$2 \times 10^n \colon 1$	$5 \times 10^n \colon 1$
缩小比例	1∶2	1∶5	1∶10
	$1 \colon 2 \times 10^n$	$1 \colon 5 \times 10^n$	$1 \colon 1 \times 10^n$

表 1-3 允许选用的比例

种类	允许选用的比例	
放大比例	2.5∶1	4∶1
	$2.5 \times 10^n \colon 1$	$4 \times 10^n \colon 1$
缩小比例	1∶1.5　　1∶2.5　　1∶3　　1∶4　　1∶6	
	$1 \colon 1.5 \times 10^n$　$1 \colon 2.5 \times 10^n$　$1 \colon 3 \times 10^n$	
	$1 \colon 4 \times 10^n$　$1 \colon 6 \times 10^n$	

不论采用何种比例,图形中标注的尺寸是机件的实际大小尺寸,与所选的比例无关。

三、字体(GB/T 14691—1993)

图样上除有图形外还有较多的汉字、数字和字母,为使图样清晰美观,国家标准对图样中的字体基本要求如下。

字体工整　笔画清楚　排列整齐　间隔均匀

字体的号数即字体的高度(h),其公称尺寸系列为:1.8mm,2.5mm,3.5mm,5mm,7mm,10mm,14mm,20mm。

1. 汉字

汉字应写成长仿宋体字,并应采用国家正式公布推行的《汉字简化方案》中规定的简化字。汉字的高度 h 不应小于 3.5mm,其字宽一般为 $h/\sqrt{2}$。

长仿宋体汉字的书写要领是:横平竖直,注意起落,结构均匀,填满方格。

2. 数字和字母

字母和数字分为 A 型和 B 型。A 型字体的笔画宽度为字高的 1/14;B 型字体的笔画宽度为字高的 1/10。在同一图样上，只允许选用一种字型。一般采用 A 型斜体字，斜体字字头与水平线向右倾斜 75°。以下字例为 A 型斜体字母及数字。

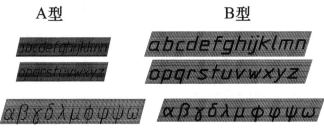

1 2 3 4 5 6 7 8 9 0

ABCDEFGHIJKLMNOPQRSTUVWXYZ

abcdefghijklmnopqrstuvwxyz

I II III IV V VI VII VIII IX X

用作指数、分数、极限偏差、注脚的数字及字母，一般应采用小一号字体。

$\emptyset 20^{+0.021}_{0}$ 2^3 $\frac{\pi}{2}$

四、图线及其画法

1. 图线的形式

常用的工程图图线形式见表 1-4。绘制图样时不同的线形起不同的作用，表达不同的内容。表中给出了机械制图中常用的几种线型示例及其一般应用。

2. 图线的宽度

国家标准规定了 9 种图线的宽度。绘制工程图样时所有线型宽度 d 应在下面系列中选择 0.13，0.18，0.25，0.35，0.5，0.7，1，1.4，2，单位为 mm。

3. 图线的画法

虚线与点画线的画法如图 1.6 所示。

表 1-4 基本线型及应用

图线名称	代码	线型	线宽	一般应用
细实线	01.1	———————	$d/2$	(1) 过渡线 (2) 尺寸线 (3) 尺寸界线 (4) 指引线和基准线 (5) 剖面线 (6) 重合断面的轮廓线 (7) 螺纹牙底线

（续）

图线名称	代码	线型	线宽	一般应用
波浪线	01.1	～～～	$d/2$	(1) 断裂处边界线 (2) 视图与剖视图的分界线
双折线	01.1	∽∽∽	$d/2$	(1) 断裂处边界线 (2) 视图与剖视图的分界线
粗实线	01.2	———	d	(1) 可见棱边线 (2) 可见轮廓线 (3) 相贯线 (4) 螺纹牙顶线 (5) 螺纹长度终止线
细虚线	02.1	- - - -	$d/2$	(1) 不可见棱边线 (2) 不可见轮廓线
粗虚线	02.2	— — —	d	允许表面处理的表示线
细点画线	04.1	—·—·—	$d/2$	(1) 轴线 (2) 对称中心线 (3) 分度圆(线)
粗点画线	04.2	—·—·—	d	限定范围表示线
双点画线	05.1	—··—··—	$d/2$	(1) 相邻辅助零件的轮廓线 (2) 可动零件的极限位置的轮廓线 (3) 轨迹线

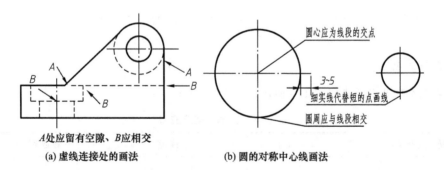

(a) 虚线连接处的画法　　(b) 圆的对称中心线画法

图 1.6　虚线与点画线的画法

(1) 同一图样中，同类图线的宽度应一致。虚线、点画线及双点画线的长度和间隔应各自相等。

(2) 两条平行线之间的距离最小间距不小于 0.7mm。

(3) 绘制圆的对称中心线时，点画线两端应超出圆的轮廓线 2～5mm；点画线、双点画线的首末两端应是长画，而不是间隔和点。点画线、双点画线的点不是点，而是一个约 1mm 的短画；圆心应是长画的交点。在较小的图形上绘制点画线有困难时，可用细实线代替。

（4）虚线、点画线或双点画线和实线相交或它们自身相交时，应以"画"相交，而不应为"点"或"间隔"相交；虚线、点画线或双点画线为实线的延长线时，不得与实线相连。

（5）当图线与文字、数字或符号重叠、混淆不可避免时，断开图线，以保证文字、数字或符号清晰，如图 1.11 所示的尺寸数字 9 的标注。

（6）当有两种或两种以上的图线重合时，其重合部分的线型优先选择顺序为可见轮廓线、不可见轮廓线、尺寸线、各种用途的细实线、轴线和对称中心线。

五、尺寸注法

图纸上的图样除表达物体形状外还应说明物体的大小，物体的大小应通过尺寸来确定。国家标准 GB/T 4458.4—2003《机械制图　尺寸注法》和 GB/T 16675.2—1996《技术制图　简化表示法　第 2 部分：尺寸注法》对尺寸标注的基本方法作了规定，在绘制、阅读图样时必须严格遵守。

1．基本规则

（1）机件的真实大小应以图样上所注尺寸数值为依据，与图形的大小及绘图的准确度无关。

（2）机件的每一尺寸，一般只标注一次，并应标注在反映该结构最清晰的图形上。

（3）图样中的尺寸，以 mm 为单位时，不需标注计量单位的代号或名称，如采用其他单位，则必须注明相应的计量单位的代号或名称。

（4）图样中所标注的尺寸，为该图样所示机件的最后完工尺寸，否则应另加说明。

2．尺寸的组成

一个完整的尺寸由尺寸界线、尺寸线、尺寸终端和尺寸数字组成。尺寸组成如图 1.7 所示。

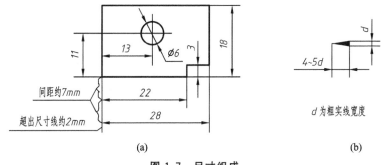

图 1.7　尺寸组成

1）尺寸界线

尺寸界线用细实线绘制，一般由图形的轮廓线、轴线或对称中心线处引出。也可利用轮廓线、轴线或对称中心线本身作尺寸界线。尺寸界线超出尺寸线 2～3mm 左右，尺寸界线一般应与尺寸线垂直，必要时允许倾斜，如图 1.8 所示。

2）尺寸线

尺寸线必须用细实线单独绘出，不得由其他任何线代替，也不得画在其他图线的延长线上，并应避免尺寸线之间相交，如图 1.9 所示。

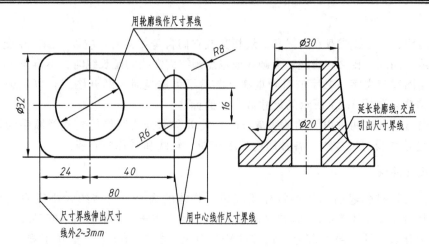

图 1.8 尺寸界线

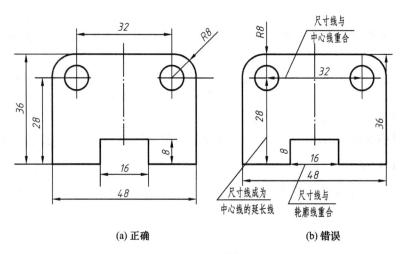

(a) 正确　　　　　　　　　(b) 错误

图 1.9 尺寸线

线性尺寸的尺寸线应与所标注的线段平行。相互平行的尺寸线，大尺寸在外，小尺寸在内，尽量避免尺寸界线与尺寸线相交，且平行尺寸线间的间距尽量保持一致，一般约为 5~10mm。

3) 尺寸线终端

尺寸线终端有两种形式：箭头和斜线，同一张图样中只能采用一种尺寸线终端。机械图样一般用箭头形式，如图 1.10 所示，箭头尖端与尺寸界线接触，不得超出也不得离开，如图 1.11 所示。

4) 尺寸数字

尺寸数字按标准字体书写，且同一张纸上的字高要一致。线性尺寸数字一般注写在尺寸线的上方，也允许注写在尺寸线的中断处，字头朝上；垂直方向的尺寸数值应注写在尺寸线的左侧，字头朝左；倾斜方向的尺寸数字应保持字头向上的趋势，如图 1.11 所示。

线性尺寸数字的注写方向如图 1.12 所示。线性尺寸数字方向尽可能避免在图示 30°范围内标注尺寸，无法避免时，按图 1.12(b)标注。

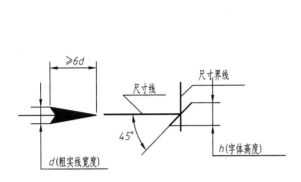

图 1.10 尺寸线终端　　　　　图 1.11 尺寸数字注写位置

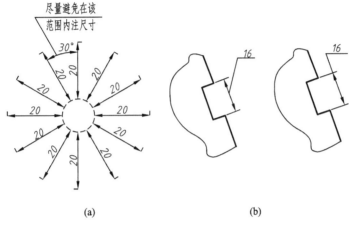

图 1.12 线性尺寸数字的注写方向

3. 尺寸注法示例

尺寸标注示例见表 1-5。

表 1-5 尺寸标注示例

	图　例	说　明
直线尺寸的注法	(a) 正确　　(b) 错误	同一方向的连续尺寸，保证尺寸线在一条线上
	(a) 正确　　(b) 错误	同一方向的不同大小尺寸，遵循"内小外大"原则，避免尺寸线与尺寸界线相交

图 例	说 明
直径尺寸的注法	(1) 标注直径,应在尺寸数字前加注符号"ϕ" (2) 直径尺寸线应通过圆心或平行直径 (3) 直径尺寸线圆周或尺寸界线接触处画箭头终端 (4) 不完整圆的尺寸线应超过半径 (5) 标注球面的直径或半径,在符号"R"或"ϕ"前加注符号"S",标注小直径或小半径时,箭头和数字都可布置在尺寸界线外面,但尺寸线一定要过圆或圆弧的中心,或箭头指向圆心
小尺寸注法	小图形没地方标尺寸时,箭头可放在尺寸界线外面,尺寸数字可写在尺寸界线外面或引出标注,也允许用圆点或斜线代替箭头
角度尺寸的注法	(1) 角度的数字一律水平书写 (2) 角度的数字一般注写在尺寸线的中断处,也可注写在上方或引出标注 (3) 角度的尺寸线为圆弧,尺寸界线沿径向引出
其他结构尺寸注法	(1) 倒角 (2) 弧长的尺寸线是该圆弧的同心圆,尺寸界线平行于弦长的垂直平行线 (3) 板状零件的厚度,在尺寸数字前加符号"t"

1.2 手工绘图工具、仪器的使用方法

图样绘制的质量好坏与速度快慢取决于绘图工具和仪器的质量,同时也取决于其能否正确使用。因此,要能够正确挑选绘图工具和仪器,并养成正确使用和经常维护、保养绘图工具和仪器的良好习惯。下面介绍几种常用的绘图工具和仪器、用品以及它们的使用方法。

一、图板、丁字尺和三角板的用法

图板是用来铺放图纸的木板,要求图板表面光滑、平整。图板的左边是工作边,必须平直。

丁字尺由尺头和尺身组成,尺身的上边有刻度,是工作边。画图时,要使尺头的内侧靠紧图板的左边,上下移动丁字尺由尺身的工作边从左向右画水平线,如图1.13(a)所示。

三角板有45°和30°、60°两块,与丁字尺配合可以画垂直线和与水平线成15°、30°、45°、60°、75°的斜线,用两块三角板配合作可以作已知线的平行线或重直线,如图1.13(b)所示。

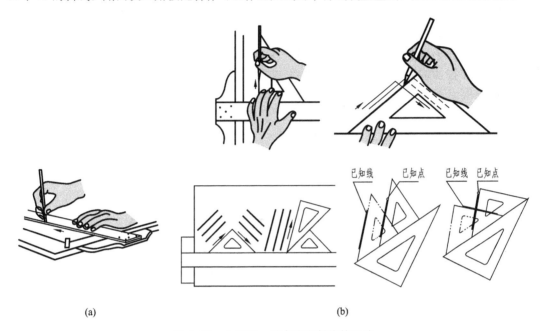

(a)　　　　　　　　　　　　(b)

图1.13　水平线、垂直线和斜线的画法

二、圆规和分规的用法

圆规用来画圆和圆弧。圆规有两只脚,其中一只脚上有活动钢针,钢针一端为圆锥,另一端是带有台阶的针尖,针尖是画圆或圆弧时定心用的,圆锥端作分规用;另一只脚上有活动关节,可随时装换铅芯插脚、鸭嘴插脚、作分规用的锥形钢针插脚。

画圆或圆弧前,调整针脚使针尖略长于铅芯。画图时,针尖插入纸面,铅芯与纸面接触,向前方稍微倾斜按顺时针方向画。画较大圆,则要使用加长杆,并使针尖和铅芯均垂直于纸面,如图1.14所示。

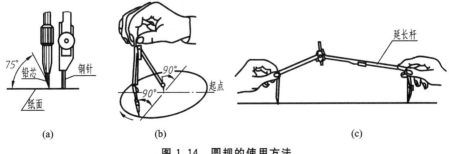

(a)　　　　(b)　　　　(c)

图1.14　圆规的使用方法

分规用来量取和等分线段。其两脚均装有钢针，两脚并拢时，两针尖要对齐，如图1.15所示。

三、比例尺的用法

比例尺是用来按一定比例量取长度时的专用量尺，可放大或缩小尺寸，如图1.16所示。常用的比例尺有两种：一种外形成三棱柱体，上有6种（1∶100、1∶200、1∶300、1∶400、1∶500、1∶600）不同的比例，称为三棱尺；另一种外形像直尺，上有3种不同的比例，称为比例直尺。画图时可按所需比例，用尺上标注的刻度直接量取而不需换算。如按1∶100比例，画出实际长度为3m的图线，可在比例尺上找到1∶100的刻度一边，直接量取相应刻度即可，这时，图上画出的长度是30mm。

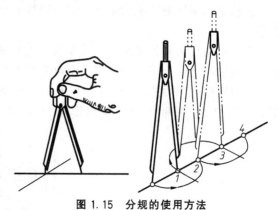

图1.15 分规的使用方法

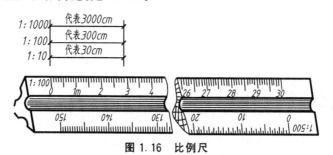

图1.16 比例尺

四、曲线板的用法

曲线板用来画非圆曲线。画线时，先徒手将各点轻轻地连成曲线，然后在曲线板上选取曲率相当的部分，分几段逐次将各点连成曲线，但每段都不要全部描完，至少留出后两点间的一小段，使之与下段吻合，以保证曲线的光滑连接，如图1.17所示。

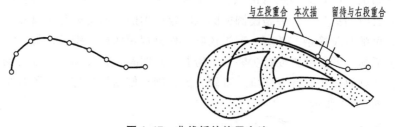

图1.17 曲线板的使用方法

五、铅笔的用法

绘图铅笔用B和H代表铅芯的软硬程度。B前的数字越大，铅芯越软；H前的数字越大，铅芯越硬。HB表示软硬适中的铅芯。

画图时，H或2H的铅笔画细实线，打底稿用；用HB或H的铅笔写字；用B或HB的铅笔画粗实线。画圆的铅芯要比画线的铅芯软一些。

画粗实线的铅芯削成四棱柱或扁铲形,画细实线或写字的铅芯削成圆锥形,如图 1.18 所示。

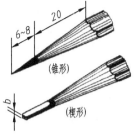

图 1.18 铅笔的削法

1.3 几何作图方法

机件的轮廓形状虽然多种多样,但它们基本都是由直线和曲线组成的几何图形。掌握几何图形的绘图方法是正确绘制机械图样的基础,必须熟练运用。

一、等分直线段

用平行线法将线段进行 5 等分,如图 1.19 所示。

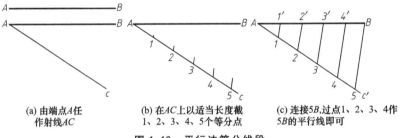

(a) 由端点A任   (b) 在AC上以适当长度截   (c) 连接5B,过点1、2、3、4作
作射线AC   1、2、3、4、5个等分点   5B的平行线即可

图 1.19 平行法等分线段

二、等分圆周与正多边形作图

圆周的等分,有用圆规作图,也有用三角板配合丁字尺作图。

1. 圆周的三、六等分

作图方法如图 1.20 和图 1.21 所示。

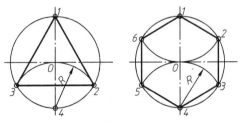

(a) 以4为圆心,R为半径画弧交圆于2、3,连接12、23、31,即得正三边形

(b) 分别以1和4为圆心,R为半径画弧交圆于2、6和3、5,依次连接,即得正六边形

图 1.20 圆规三、六等分圆周

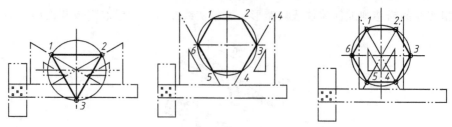

图 1.21　三角板和丁字尺配合三、六等分圆周

2. 圆周的五等分

作图方法如图 1.22 所示。

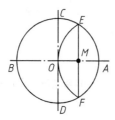

(a) 以A为圆心,OA为半径画弧交圆与E、F,连接EF得的中心M

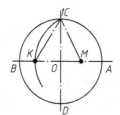

(b) 以M为圆心,CM为半径画弧交OB与K,CK为正五边形边长

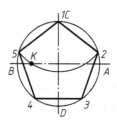

(c) 以CK为长自C截圆周得1、2、3、4、5,依次连接,即得五边形

图 1.22　圆周的五等分

3. 圆内接正多边形

以正七边形为例介绍圆内接正多边形的画法,如图 1.23 所示。

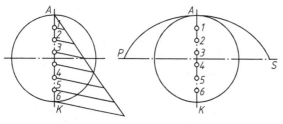

(a) 将外接圆直径AK七等分

(b) 以K为圆心,AK为半径弧交水平中心线于P和S

(c) 自点P和S与直径AK上的偶数点相连,延长到圆周得点G、B、F、C、E、D,依次相连得正七边形

图 1.23　正多边形的画法

三、斜度与锥度

1. 斜度

$$斜度 = H/L = \tan\alpha = 1 : n$$

斜度是指一条直线(或平面)对另一条直线(或平面)的倾斜程度,如上式。其大小以直角三角形两直角边之比来表示,并把斜度注成 1∶n 的形式;标注斜度时用符号"∠"表示,斜度及其符号如图 1.24 所示。符号倾斜方向与轮廓线方向一致。

斜度的画法如图 1.25 所示。

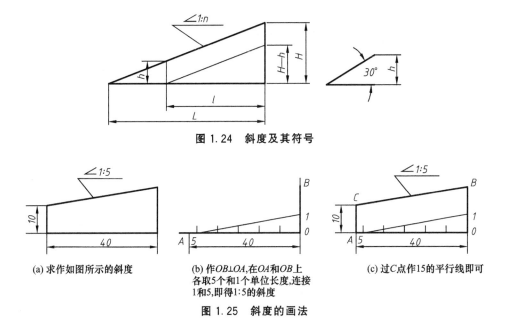

图 1.24 斜度及其符号

图 1.25 斜度的画法

(a) 求作如图所示的斜度
(b) 作 OB⊥OA，在 OA 和 OB 上各取5个和1个单位长度，连接1和5，即得1:5的斜度
(c) 过C点作15的平行线即可

2. 锥度

锥度是指正圆锥的底圆直径和圆锥高度之比或正圆锥台上下底圆直径之差与圆锥台高之比，即

$$1:n = D/L = (D-d)/l = 2\tan(\alpha/2)$$

在图样上 1:n 的标注，在 1:n 前加注符号◁，符号倾斜方向与锥度方向一致，如图 1.26 所示，符号的线宽为 $h/10$。

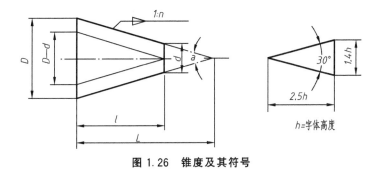

图 1.26 锥度及其符号

锥度的画法如图 1.27 所示。

四、圆弧连接

绘制机件图样时，经常遇到用直线或圆弧光滑连接已知直线或已知圆弧的情况，这称为圆弧连接。光滑连接实质是圆弧与圆弧或圆弧与直线相切，连接点就是切点。圆弧连接的关键是准确定出连接圆弧的圆心和切点。

1. 圆弧连接作图

圆弧连接作用原理见表 1-6。

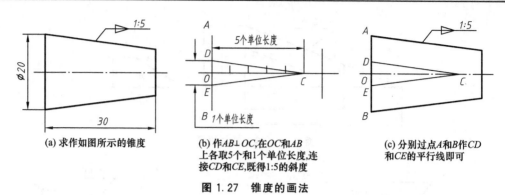

(a) 求作如图所示的锥度

(b) 作 $AB \perp OC$,在 OC 和 AB 上各取5个和1个单位长度,连接 CD 和 CE,既得1:5的斜度

(c) 分别过点 A 和 B 作 CD 和 CE 的平行线即可

图 1.27　锥度的画法

表 1-6　圆弧连接作图原理

类型	图例	连接圆弧圆心轨迹及切点位置
圆弧与直线连接		(1) 连接弧圆心轨迹是与已知直线平行并相距为 R 的直线 (2) 切点是过连接圆弧作已知直线的垂线,垂足即为切点
两圆弧连接（内切）		(1) 连接弧圆心轨迹是与已知圆弧的同心圆,其半径为 R_1-R (2) 切点是连接圆弧与已知圆弧两圆心连线与已知圆弧的交点
两圆弧连接（外切）		(1) 连接弧圆心轨迹是与已知圆弧的同心圆,其半径为 R_1+R (2) 切点是连接圆弧与已知圆弧两圆心连线的延长线与已知圆弧的交点

2. 圆弧连接的作图方法

(1) 用圆弧连接两直线,如图 1.28 所示。

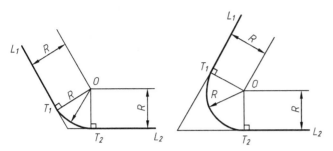

(a) 用圆弧连接钝角和锐角的两直线　　　　(b) 用圆弧连接直角的两直线

① 作与已知两直线 L_1、L_2 分别相距为 R 的平行线,交点 O 即为连接弧圆心;
② 过点 O 分别向已知两直线 L_1、L_2 作垂线,垂足 T_1、T_2 即为切点;
③ 以 O 为圆心,R 为半径在两切点 T_1、T_2 之间画连接圆弧

① 以直角顶点为圆心,R 为半径作圆弧交两直线 L_1、L_2 于 T_1 和 T_2;
② 以 T_1 和 T_2 为圆心,R 为半径作圆弧相交得连接弧圆心 O;
③ 以 O 为圆心,R 为半径在切点 T_1 和 T_2 之间作连接弧

图 1.28　圆弧连接两直线

(2) 用圆弧连接两圆弧,如图 1.29 所示。

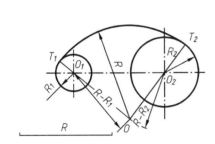 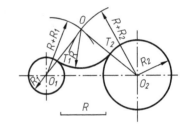

(a) 圆弧与两已知两圆弧内接　　　　(b) 圆弧与两已知两圆弧外接

① 分别以 O_1、O_2 为圆心,$R-R_1$、$R-R_2$ 为半径画弧,交得连接弧圆心 O;
② 分别连 OO_1、OO_2 并延长交圆 O_1、O_2 得切点 T_1、T_2;
③ 以 O 为圆心,R 为半径画弧,即得所求

① 分别以 O_1、O_2 为圆心,$R+R_1$、$R+R_2$ 为半径画弧,交得连接弧圆心 O;
② 分别连 OO_1、OO_2,交圆 O_1、O_2 得切点 T_1、T_2;
③ 以 O 为圆心,R 为半径画弧,即得所求

图 1.29　用圆弧连接两圆弧

五、椭圆的画法

椭圆是常见的非圆曲线。已知椭圆长、短轴,常采用四心椭圆和同心圆两种方法画椭圆,如图 1.30 所示。

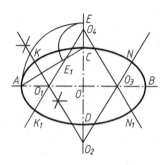 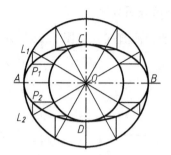

① 连接 AC，以 O 为圆心，OA 为半径画弧，交 OC 于 E，以 C 为圆心，CE 为半径画弧，交 AC 于 E_1；

② 作 AE_1 的中垂线，分别交长轴 OA、短轴 OD 于点 O_1 和 O_2，并取其对称点 O_3、O_4；

③ 分别以 O_1、O_2、O_3、O_4 为圆心，O_1A、O_2C、O_3B、O_4D 为半径作弧，即得近似椭圆，切点为 K

① 以 O 为圆心，OA 与 OC 为半径作两个同心圆；

② 由 O 作一系列射线与两同心圆相交；

③ 由大圆和小圆上的各交点分别作短轴和长轴的平行线，每两对应平行线的交点即为椭圆上的一系列点

图 1.30　椭圆的画法

1.4　平面图形的分析与尺寸标注

平面几何图形都是由若干直线和曲线连接而成的，这些线段必须根据给定的尺寸关系画出，所以要想正确而又迅速地画好平面图形，就必须首先对图形中标注的尺寸进行分析。通过分析，可使我们了解平面图形中各种线段的形状、大小、位置及性质。

一、平面图形的分析

1. 平面图形的尺寸分析

标注平面图形的尺寸时，要求正确、完整、清晰、合理。要达到此要求，就需了解平面图形应标注哪些尺寸。平面图形中的尺寸，按其作用分为定形尺寸和定位尺寸两类。而在标注和分析尺寸时，首先必须确定基准。

1) 尺寸基准

标注尺寸的基点，称为尺寸基准。标注尺寸时应考虑基准，一般以图形的对称中心线、较大圆的中心线或图形中的较长直线作为尺寸基准。通常一个平面图形需要 X、Y 两个方向的基准，如图 1.31 所示。确定尺寸基准后，就可以进行定形尺寸和定位尺寸的标注。

2) 定形尺寸

定形尺寸是用于确定平面图形中几何元素的形状和大小的尺寸，如圆的直径、直线段的

长度、圆弧的半径及角度大小等。图 1.31 所示的 $\phi 20$、$\phi 27$、$R3$、$R40$、$R32$、$R27$ 等为定形尺寸。

3) 定位尺寸

定位尺寸是用于确定平面图形中几何元素相对位置的尺寸。一般来说，平面图形有两个方向的定位尺寸。如图 1.31 所示，尺寸 60 和 6 确定 $\phi 20$ 和 $R32$ 的圆心位置；10 确定了 $R27$ 圆心的垂直方向的位置。

2. 平面图形的线段分析

根据平面图形的线段（直线、圆或圆弧）的尺寸是否完全给出，通常将其分为以下 3 种。

1) 已知线段

定形尺寸、定位尺寸齐全，可以直接画出的线段。如图 1.31 中的 $\phi 20$、$\phi 27$ 和 $R32$。

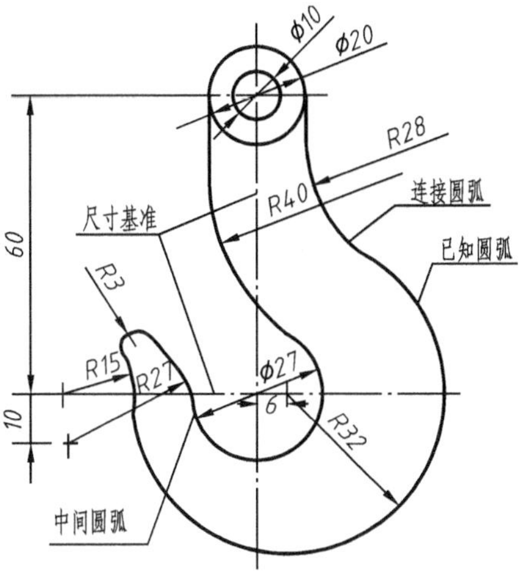

图 1.31 吊钩的尺寸分析

2) 中间线段

有定形尺寸和一个方向的定位尺寸，另一个方向的定位尺寸通过与已知线段的连接关系才能确定的线段是中间线段。图 1.31 中的 $R27$ 是定形尺寸，10 是垂直方向的定位尺寸，通过与圆弧 $\phi 27$ 的外切关系可定出圆心、连接点（切点），即可画出该圆弧。

3) 连接线段

只标出定形尺寸而没标出定位尺寸的线段是连接线段。图 1.31 中的 $R28$、$R3$ 和 $R40$ 是定形尺寸，无定位尺寸。$R28$ 通过与直线连接及与圆弧 $R32$ 的外切关系可定出圆心、连接点（切点）；$R40$ 通过与直线连接及与圆弧 $\phi 27$ 的外切关系可定出圆心、连接点（切点），即可画出两段圆弧。

二、平面图形的画图方法与步骤

以图 1.31 所示吊钩平面图为例，介绍平面图形的画图方法与步骤。

1. 准备工作

(1) 分析平面图形上线段和尺寸的性质，确定作图步骤。

(2) 选取图纸幅面和绘图比例，固定图纸。

2. 画图步骤

(1) 选定尺寸基准，画基准线，合理布置平面图形的各基本图形的相对位置，如图 1.32(a)所示。

(2) 画已知圆弧和已知线段。画已知圆 $\phi 10$、$\phi 27$、$\phi 20$，已知圆弧 $R32$ 及两条直线，如图 1.32(b)所示。

(3) 画中间弧。求中间弧 $R15$、$R27$ 的圆心及切点，如图 1.32(c)所示。

(4) 画连接弧。求连接弧 $R3$、$R28$、$R40$ 的圆心及切点，如图 1.32(d)所示。

(5) 检查图形，若无问题，加深图形，画尺寸线和尺寸界线，如图 1.32(e)所示。

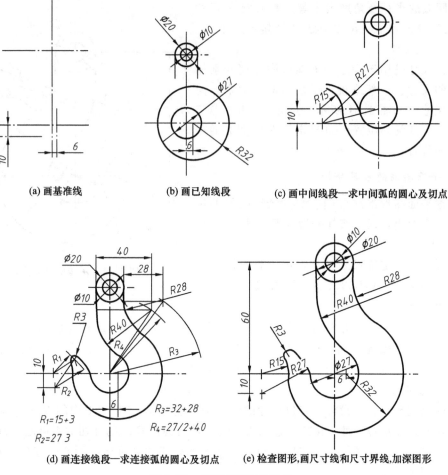

图 1.32 吊钩平面图的画法

三、平面图形的尺寸标注

平面图形中所注的尺寸，必须唯一地确定图形的形状和大小，即所注的尺寸对于确定各封闭图形中各线段的位置（或方位）和大小是充分而必要的。标注尺寸的步骤如下。

(1) 选定基准。在水平和竖直方向各选一条直线作为基准，通常选择图中的对称中心线、较长的直线或过大圆弧圆心的两条中心线作基准线，有时也以点为基准。

(2) 确定图形中各线段的性质。哪些定为已知线段，哪些定为中间线段，哪些定为连接线段。

(3) 按已知线段、中间线段、连接线段的次序逐个标注尺寸。已知线段应标注定形尺寸和水平及竖直方向的定位尺寸；中间线段标注定形尺寸和一个方向的定位尺寸；连接线段只标注定形尺寸。

圆心位置的确定方式有两种：①直接或间接标注定位尺寸。确定圆心位置的定位尺寸要两个，当图上表明圆心在一条已确定的水平线或竖直线上时，等于标注了一个定位尺寸。这是定位尺寸的一种表现形式。②利用几何关系，即同已被确定的相邻线段相切或通过已定的点。一个几何关系能起到一个定位尺寸的作用。中间线段需要利用一个几何关系，连接线段要利用两个几何关系。

用几何关系确定直线方位时，与已定圆弧的一个相切关系就能确定直线上的一个点。

1. 分析图形，确定尺寸基准

以垫板为例（图1.33），按上述步骤进行标注。

图形由一个外线框、一个内线框和一个圆构成。外线框由五段圆弧和三条直线组成，内线框由两段圆弧和两条直线组成。图形不对称，外线框的水平直线、圆 φ8 的水平中心线和外线框的垂直直线分别是纵向和横向的尺寸基准。

2. 标注定形尺寸

（1）外线框需注出 R6、R8、R25、R9。
（2）内线框需注出 R4、20。
（3）小圆需注出 φ8。

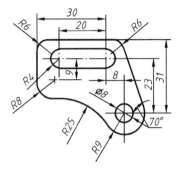

图 1.33　垫板的尺寸标注

3. 标注定位尺寸

（1）外线框和小圆的定位尺寸，需要注出31。圆弧 R8 为中间弧，应标出一个方向的定位尺寸9。外线框的斜直线定位尺寸70°。

（2）内线框和外线框及小圆的定位尺寸，需要注出小圆的圆心定位尺寸8。内线框的定位尺寸30、20、23。

4. 检查

标注尺寸要完整、正确。外线框的斜直线由70°定位，中间弧 R8 和 R9 为已知弧，由9 和31定位。31 和 8 是小圆两个方向的定位尺寸。圆弧 R6、R6、R25 为连接弧，不需要标注定位尺寸。内线框注出 R4 的定位尺寸23、20，以上尺寸符合线段连接规律，尺寸完整、正确。

1.5　制图的一般方法和步骤

一、用绘图工具和仪器绘制图样

为了保证绘图的质量，提高绘图的速度，除正确使用绘图仪器、工具，熟练掌握几何作图方法和严格遵守国家制图标准外，还应注意下述的绘图步骤和方法。

1. 准备工作

（1）收集阅读有关的文件资料，对所绘图样的内容及要求进行了解，在学习过程中，对作业的内容、目的、要求，要了解清楚，在绘图之前做到心中有数。

（2）准备好必要的制图仪器、工具和用品。

（3）将图纸用胶带纸固定在图板上，位置要适当。一般将图纸粘贴在图板的左下方，图纸左边至图板边缘3～5cm，图纸下边至图板边缘的距离略大于丁字尺的宽度。

2. 画底稿

（1）按制图标准的要求，先把图框线及标题栏的位置画好。

(2) 根据图样的数量、大小及复杂程度选择比例，安排图位，定好图形的中心线。
(3) 画图形的主要轮廓线，再由大到小，由整体到局部，直至画出所有轮廓线。
(4) 画尺寸界限、尺寸线以及其他符号等。
(5) 最后进行仔细的检查，擦去多余的底稿线。

3．用铅笔加深

(1) 当直线与曲线相连时，先画曲线后画直线。加深后的同类图线，其粗细和深浅要保持一致。加深同类线型时，要按照水平线从上到下、垂直线从左到右的顺序一次完成。
(2) 各类线型的加深顺序是：中心线、粗实线、虚线、细实线。
(3) 加深图框线、标题栏及表格，并填写其内容及说明。

4．描图

为了满足生产上的需要，常常要用墨线把图样描绘在硫酸纸上，作为底图，再用来复制成蓝图。

描图的步骤与铅笔加深基本相同。但描墨线图，线条画完后要等一定的时间，墨才会干透。因此，要注意画图步骤，否则容易弄脏图面。

5．注意事项

(1) 画底稿的铅笔用 H 至 3H，线条要轻而细。
(2) 加深粗实线的铅笔用 HB 或 B，加深细实线的铅笔用 H 或 2H。写字的铅笔用 H 或 HB。加深圆弧时所用的铅芯，应比加深同类型直线所用的铅芯软一号。
(3) 加深或描绘粗实线时，要以底稿线为中心线，以保证图形的准确性。
(4) 修图时，如果是用绘图墨水绘制的，应等墨线干透后，用刀片刮去需要修整的部分。

二、徒手绘图的方法

徒手绘图是用目测来估计物体的形状和大小，不借助绘图工具，徒手画出图样的方法。

基本要求：画线要稳，图线要清晰；目测尺寸要准，各部比例准确；绘图速度要快；标注尺寸无误，字体工整。

1．直线的画法

徒手画直线时握笔的手要放松，用手腕抵着纸面，沿着画线方向移动，眼睛要瞄着线段的终点。画出的直线大体上近似直线。

画水平线时，图纸可放斜一点，不要将图纸固定死，以便可随时转动图纸到最顺手的位置。画垂直线时，自上而下运笔。直线的画法如图 1.34 所示。

2．圆的画法

画圆时，先定出圆心的位置，过圆心画出互相垂直的两条中心线，再在中心线上按半径大小目测定出 4 个点后，分两半画成。对于直径较大的圆，可在 45°方向的两中心线上再目测增加 4 个点，分段逐步完成，如图 1.35 所示。

3．角度的画法

画 30°、45°、60°等角度时，先根据两直角边的比例关系近似确定两端点，徒手连成直

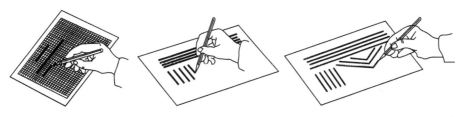

图 1.34 直线的画法

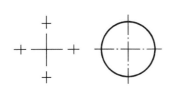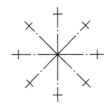

图 1.35 圆的画法

线,如图 1.36 所示。

4. 椭圆的画法

方法一 已知椭圆长、短轴画椭圆。

画椭圆时,先目测定出其长、短轴上的 4 个端点,将它们连成矩形,再分段画出 4 段圆弧,4 段圆弧要与矩形相切。画图时应注意图形的对称性,如图 1.37 所示。

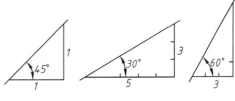

图 1.36 角度的画法

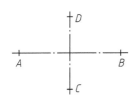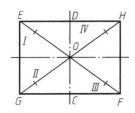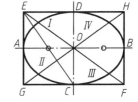

图 1.37 椭圆画法(一)

方法二 已知共轭直径画椭圆。

目测共轭直径上 4 个端点,将它们连成平行四边形,再分段画出 4 段圆弧,4 段圆弧要与平行四边形相切,如图 1.38 所示。

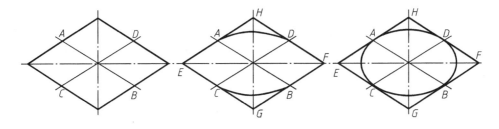

图 1.38 椭圆画法(二)

第 2 章
正投影法基础

人和物体在阳光或灯光的照射下,在地面或墙面上会呈现出它们的影像,人们把这个影像和人及物体之间的关系总结成投影理论,从而发展成画法几何。本章简单介绍投影法的基本知识以及各种基本体投影的表示方法、基本体上取点及在此基础上进一步研究基本体表面交线的画法。

本章要求学生重点掌握正投影法的基本概念及投影规律,熟练掌握一些典型基本体的表示方法以及掌握截交线和相贯线的求解方法。

2.1 投影法概述

2.1.1 投影法的基本概念

大家知道,空间物体在灯光或日光下,墙壁上或地面上就会出现该物体的影子。人们从这种现象得到启发,经过科学的抽象,找出了影子和物体间的几何关系,从而获得投影法。如图2.1所示,先建立一个平面 P 和平面外一点 S,其中平面 P 称为投影面,点 S 称为投射中心;发自投射中心 S 且通过△ABC 上任意一点 A 的直线 SA 称为投射线;投射线 SA 与投影面 P 得交点 a 称为 A 在投影面上的投影。同理,可作出△ABC 上每一点的投影,从而得到△ABC 的投影△abc。投射线通过物体,向选定的面上投射,并在该面上得到图形的方法,称为投影法。

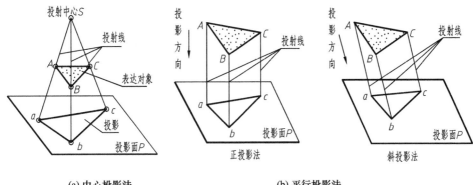

(a) 中心投影法　　　　　　　　　　(b) 平行投影法

图 2.1　投影法概念及其分类

2.1.2　投影法的分类

工程上常用的投影法一般分为中心投影法和平行投影法两类，如图 2.1 所示。其中，平行投影法有正投影法和斜投影法之分。

1. 中心投影法

图 2.1(a)中的所有投射线都汇交于一点的投影法称为中心投影法。用中心投影法所得的投影称为中心投影。中心投影立体感强，通常用来绘制建筑物或产品富有逼真感的立体图，也称为透视图。透视图常作为一种效果图，不注重于物体尺寸的表达，如图 2.2 所示。

2. 平行投影法

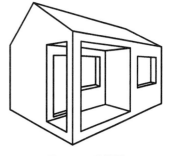

图 2.2　透视图

如图 2.1(b)所示，若投射中心位于无限远处，则投射线相互平行，这种投影方法称为平行投影法。在平行投影法中，当平行移动空间物体时，投影的大小和形状都不会改变。按投射方向与投影面是否垂直，平行投影法又分为正投影法和斜投影法两种。如图 2.1(b)所示，投射线垂直于投影面时称为正投影法，投射线倾斜于投影面时称为斜投影法。用正投影法所得到的图形称为正投影（简称投影）。机械图样就是采用正投影法绘制的，本书后面内容只要不作特殊说明，均采用正投影法投影。

2.1.3　正投影的基本性质

1. 实形性

当直线段或平面图形平行于投影面时，其投影反映实长或实形。如图 2.3 所示，直线 AB 平行于 H 面，在 H 面上的投影反映实长，即 $AB=ab$。△ABC 平行于 H 面，在 H 面上的投影反映实形，即 $\triangle ABC \cong \triangle abc$。

2. 积聚性

当直线或平面图形垂直于投影面时，其投影积聚成点或直线，如图 2.4 所示。

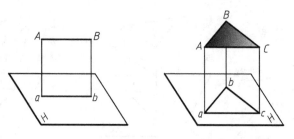

图 2.3 直线及平面图形平行于投影面时的投影

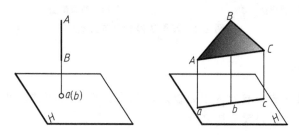

图 2.4 直线及平面图形垂直于投影面时的投影

3. 类似性

当直线或平面图形倾斜于投影面时,直线的投影仍然是直线,平面图形的投影是原图形的类似形,但直线或平面图形的投影小于实长或实形,像这种原形与投影间大小不相等,但两者的边数、凸凹、曲直、平行关系不变的性质称为类似性,如图 2.5 所示。

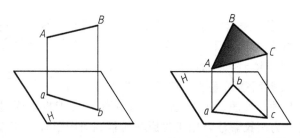

图 2.5 直线及平面图形倾斜于投影面时的投影

4. 平行性

空间相互平行线段的投影相互平行。在图 2.6 中,$EF/\!/GD$,它们在 V 面上的投影 $e'f'/\!/g'd'$。

5. 从属性

几何元素的空间从属关系在投影中不会发生改变,属于直线上的点的投影必属于直线的投影上,属于平面的点和线的投影必定落在平面的投影上。如图 2.6 所示,S 点在直线 KJ 上,S 点的投影 s' 一定在 $k'j'$ 上。

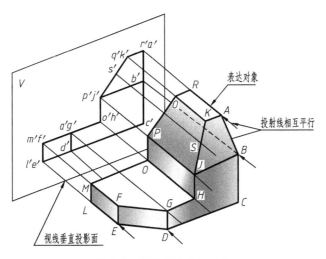

图 2.6 正投影的投影特性

6. 定比性

(1) 若空间直线上一点把该直线分成两段,则该两线段之比,必等于其对应投影之比。如图 2.7(a) 所示,点 K 在直线 AB 上,其投影必在 ab 上(从属性),且由于 $Aa /\!/ Kk /\!/ Bb$,故有 $AK : KB = ak : kb$。

(2) 空间平行线段的长度之比,等于其投影之比。如图 2.7(b) 所示,分别过 F 和 G 作 fe 和 gh 的平行线,可得到两个相互平行的相似三角形及矩形,从而得 $EF : HG = ef : hg$。

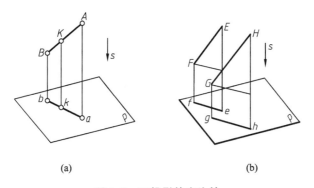

(a)   (b)

图 2.7 正投影的定比性

2.1.4 工程上常用的投影图

1. 正投影图

空间物体及其两种表达方法如图 2.8 所示。

如图 2.8(b) 所示,多面正投影图是用多个投影图准确地、真实地反映出物体的长、宽、高 3 个方向的形状和大小,作图简便,标注尺寸也很方便,广泛地应用于工程设计和制造领域。

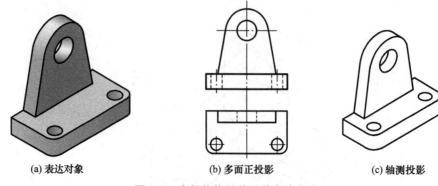

(a) 表达对象　　　　　　(b) 多面正投影　　　　　　(c) 轴测投影

图 2.8　空间物体及其两种表达方法

2. 轴测图

轴测投影如图 2.8(c)所示。轴测图是工程中常采用的另一种图样，它是在单一的投影面上同时反映物体的三维方向的表面形状，立体感强，比较符合人们的视觉习惯，但由于它的度量性较差，作图过程也比多面正投影复杂，因而在工程上仅作为辅助图样或效果图。

3. 透视图

透视图是根据中心投影法绘制的，如图 2.2 所示。这种图与用眼睛看见的一样，所以看起来很自然，一般用于表达较大的场景或目标，例如地貌、建筑物等，目前只在建筑工程上作辅助性的图样使用。

4. 标高投影

标高投影是利用正投影法，将物体投影在一个水平面上得到的，如图 2.9 所示。为了解决高度的度量问题，在投影图上画上一系列相等高度的线，称为等高线。在等高线上标出高度尺寸(标高)，这种图用在地图以及土建工程图中，表示土木结构或地形。

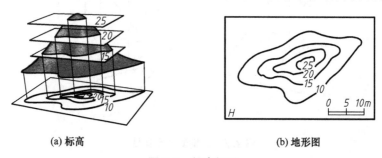

(a) 标高　　　　　　　　(b) 地形图

图 2.9　标高投影

2.2　三视图的形成及其投影规律

2.2.1　三投影面体系

我们知道，三维空间可以分为 8 个象限(分角)，每个象限的位置如图 2.10(a)所示。

在国家标准 GB/T 4458.1—2002 中规定,我国采用第一分角投影法(简称第一角画法)绘制图样,而国际上有的国家(如美国、日本等)则采用第三角投影法(简称第三角画法)。

在第一分角中,由正立投影面 V、水平投影面 H 和侧立投影面 W 共 3 个相互垂直的投影面(分别简称为 V 面、H 面和 W 面)构成的投影面体系称为三投影面体系,如图 2.10(b)所示。三投影面两两相交产生的交线 OX、OY、OZ,称为投影轴,简称为 X 轴、Y 轴和 Z 轴。

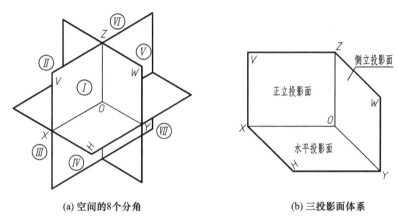

(a) 空间的8个分角　　　　　(b) 三投影面体系

图 2.10　投影体系

2.2.2　三投影面的形成

如图 2.11(a)所示,将物体置于三投影面体系中,用正投影法分别向 3 个投影面投影后,得到了物体的三面投影,它们是物体的多面正投影图。国家标准规定:正面投影是对物体由前向后进行投影,在 V 面上所得到的投影;水平投影是对物体由上向下进行投影,在 H 面上所得到的投影;侧面投影是对物体由左向右进行投影,在 W 上所得到的投影。

如图 2.11(b)和图 2.11(c)所示,投影后将物体移开,V 面保持不动,将 H 面连同其投影绕 X 轴向下旋转 90°,W 面连同其投影绕 Z 轴向右旋转 90°,使它们与 V 面处于同一平面上,并约定投影轴和投影面的边框略去不画,从而得到物体的三面投影,如图 2.11(d)所示。

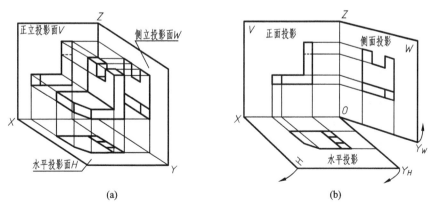

(a)　　　　　　　　　　　(b)

图 2.11　三面投影的形成

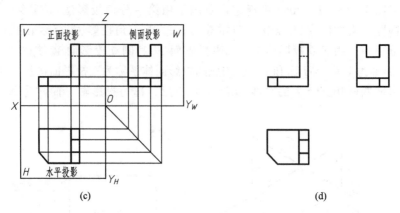

图 2.11(续)

根据有关规定,将所绘制的多面正投影图称为视图。将物体置于观察者与投影面之间,由前向后投射所得到的正面投影称为主视图,由上向下投射所得到的水平投影称为俯视图,由左向右投射所得到的侧面投影称为左视图。俯视图在主视图的正下方,左视图在主视图的正右方。

2.2.3 三面投影的投影规律

上述投影过程表明,一旦物体在投影面体系中的位置确定,并规定 X、Y、Z 轴方向分别为物体的长、宽、高 3 个方向,即物体的左右方向称为长,前后方向称为宽,上下方向称为高,如图 2.12(a)所示。因而,三视图间存在下述关系:主俯视图长对正;主左视图高平齐;俯左视图宽相等。

"长对正、高平齐、宽相等"是三视图之间的投影规律。它不仅适用于整个物体的投影,也适用于物体的局部的投影。如图 2.12 物体中间凹槽部分的 3 个投影也符合这一规律。在应用这一投影规律画图和看图时,必须注意物体的前后左右在视图上的反映,俯视图和左视图中,靠近主视图的一边都反映物体的后面,远离主视图的一边则反映物体的前面。因此,在根据"宽相等"作图时,不但要注意量取尺寸的起点,而且要注意量取尺寸的方向。

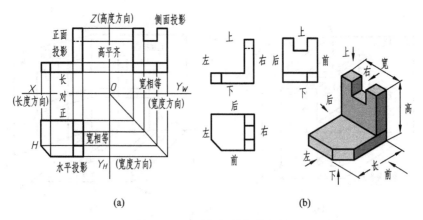

图 2.12 三面投影的投影规律

2.3 立体的投影

2.3.1 基本体概述

最基本的单一几何形体称为基本体。任何复杂的立体都可以看成是由形状简单的立体经过叠加或挖切后组合而成。基本体可分为平面立体和曲面立体两大类。

(1) 平面立体：表面由平面组成的立体称为平面立体。常见的平面立体如棱柱、棱锥。棱柱和棱锥是由棱面和底面围成的实体，相邻两棱面的交线称为棱线。各个棱线的交点称为顶点。平面立体的表示方法主要是画出平面立体棱线或各顶点的投影图。

(2) 曲面立体：由曲面或曲面与平面所围成的几何体称为曲面立体。如圆柱体、圆锥体、球体和圆环等。本章主要研究回转体，凡是一条母线（直线或曲线）绕一根固定的轴线旋转而成的曲面，称为回转面。回转体是由回转面或回转面与平面所围成的曲面立体，如圆柱体、圆锥体、球等。

2.3.2 平面立体的投影分析

1. 棱柱的投影

棱柱有两个平行的多边形底面，所有侧面均垂直于底面。一般用底面多边形的边数来区别和命名不同的棱柱，如果底面为六边形，则称之为六棱柱；如果底面为正多边形，则称之为正棱柱。以正六棱柱为例，将其置入三投影面体系中（注意不同的放置方式得到的投影图是不同的），使正六棱柱上、下两个面平行于 H 面，前后两个棱面的放置同 V 面平行，如图 2.13(a)所示。这样得到的正六棱柱的投影图如图 2.13(b)所示。

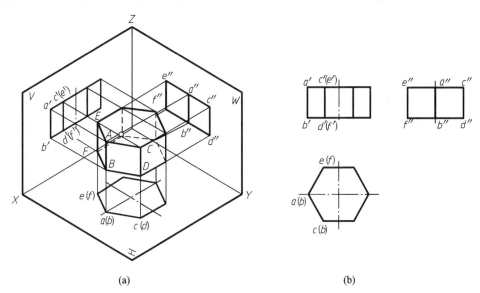

(a)　　　　　　　　　　(b)

图 2.13　正六棱柱的表示法

观察对比该正六棱柱的空间位置和三面投影,可知其投影特性如下。

(1) 水平投影。六棱柱上、下两个底面是水平面,其水平投影反映实形(正六边形),两底面的投影重合。由于六棱柱的 6 个棱面都垂直于 H 面,所以正六边形的 6 条边又可以表示 6 个棱面的投影。注意前后两个棱面分别与 V 面平行,其他 4 个棱面与 H 面垂直。

(2) 正面投影。六棱柱的上、下两个底面,其正面投影积聚为上、下两条直线段。最左边线段 $a'b'$ 是棱线 AB 的正面投影,最右边有一棱线与其相对应。这两条棱线的侧面投影重合,都在中间 $a''b''$,AB 为可见。$c'd'$ 是棱线 CD 的正面投影,其后面也有一条棱线 EF 与其对应,正面投影相互重合,CD 为可见。其他线段,读者可自行分析。

(3) 侧面投影。六棱柱的上下两个底面,其侧面投影同样积聚为上、下两条直线。在侧面投影上,最前与最后的两条直线($c''d''$ 和 $e''f''$),既可以代表前后两条棱线(CD 和 EF)的投影,也可以代表前后两个棱面的投影。

在作图时,可先用点画线画出水平投影的对称中心线和正面投影、侧面投影的对称中心线,再画出正六棱柱的水平投影(为一正六边形),然后根据投影规律画出正面投影和侧面投影。

根据规定,可见棱线的投影画成粗实线,不可见棱线的投影画虚线,当它们重合时画成粗实线。可见点的投影用小写字母表示,重合点的投影被遮住不可见,重合点的投影的小写字母用括号括上。水平投影用小写字母表示,正面投影用小写字母带 "'" 表示,侧面投影用小写字母 "″" 表示。

2. 棱锥的投影

棱锥有一个多边形的底面,所有的侧棱线都交于顶点。通常用底面多边形的边数来区别不同的棱锥,如底面为三角形,称之为三棱锥。底面为四边形称之为四棱锥。若棱锥的底面为正多边形,且棱锥顶点在底面上的投影与底面的形心重合,则称之为正棱锥。若用一个平行于底面的平面切割棱锥,则棱锥位于切割平面与底面之间的部分称为棱台。

以正三棱锥为例,将其置入三投影面体系中,使其底面与 H 面平行,棱线 AC 垂直于 W 面,如图 2.14(a)所示。正三棱锥的投影图如图 2.14(b)所示,其投影特性如下。

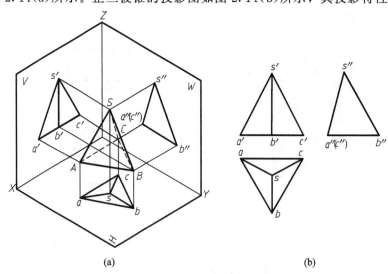

图 2.14 正三棱锥的表示法

(1) 水平投影。棱面 ABC 为水平面,因此其水平投影 abc 反映实形。棱面 SAB 和 SBC 与各个投影面都倾斜,其水平投影为实际图形的类似形。注意到棱线 AC 与侧平面垂直,因此包含该棱线的棱面△SAC 与侧平面垂直。水平投影△sac 为实际图形的类似形图形。

(2) 正面投影。水平面△ABC 的正面投影和侧面投影都积聚为直线。棱面△SAB 和△SBC 的正面投影是实际图形的类似形,都可见。△SAC 的正面投影 $s'a'c'$ 同样是实际图形的类似形,且不可见。

(3) 侧面投影。由于是从左向右投影,因此棱面△SAB 是可见的,棱面△SBC 不可见。△SAC 则积聚为直线。

2.3.3 平面立体表面上取点

在平面立体表面上取点,其原理和方法与平面上取点相同。如图 2.15(b)所示,正六棱柱的各个表面都处于特殊位置,因此在表面上取点可利用积聚性原理作图。

【例 2.1】 已知正六棱柱表面上点 M 的正面投影 m',求 m,m'' 投影,如图 2.15 所示。

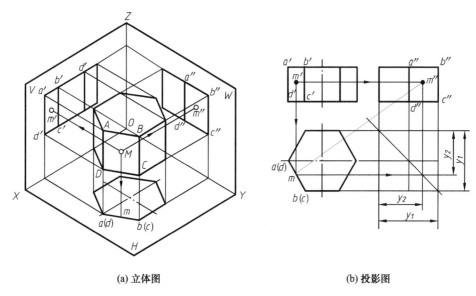

(a) 立体图　　　　　　　　　　(b) 投影图

图 2.15　正六棱柱的投影

由于点 M 的正面投影是可见的,因此,点 M 必定在 ABCD 棱面上,而 ABCD 棱面为铅垂面,水平投影 a(d)b(c) 具有积聚性,因此,点 m 必在 a(d)b(c) 上。由点的投影规律,根据 m 和 m' 即可求出 m'',因点 M 所在的表面 ABCD 的侧面投影可见,故 m'' 可见。

【例 2.2】 如图 2.16(a)所示,已知正三棱锥 S-ABC 表面上点 M 的正面投影 m',点 N 的水平投影 n,求两点 M、N 的在其余两投影面上的投影。

分析与作图:对于点 N,如图 2.16(b)所示。根据点 N 的水平投影 n 的位置及可见性,可知点 N 在正三棱锥 S-ABC 的侧面 SAC 上,且平面 SAC 的侧面投影有积聚性,可利用积聚性求出 n'',再由 n 和 n'' 求出 n'。由于点 N 所属棱面△SAC 的 V 面投影不可见,所以 n' 为不可见。

对于点 M，如图 2.16(c)所示。由于它所在的平面△SAB 与三个投影面都倾斜，其三面投影均没有积聚性，所以欲求点 M 的其他投影，可利用点在平面上投影的性质进行作图，即点在平面上，必在该平面的某条直线上。先在△SAB 平面上作辅助线，连接锥顶 S 与点 M 并延长交 AB 于点 D（即做辅助线 SD）。具体步骤是：连接线段 $s'm'$，并延长交 $a'b'$ 于点 d'，过点 d'，向下作铅垂线与 ab 相交得 d，连接 sd，即为直线 SD 的水平投影。过 m' 作铅垂线与 sd 交于点 m，即得 M 点的水平投影点。同理，可根据已知的 d、d' 求出 d''，连接 $s''d''$，即为直线 SD 的侧面投影，过 m' 作水平线与 $s''d''$ 相交，即得点 M 的侧面投影 m''。

可见性判别：由于△SAB 的水平投影和侧面投影均可见，所以其上的点 M 的投影 m' 和 m'' 均可见。

图 2.16(d)表示了另一种作辅助线求解的方法，具体步骤读者可自己分析。

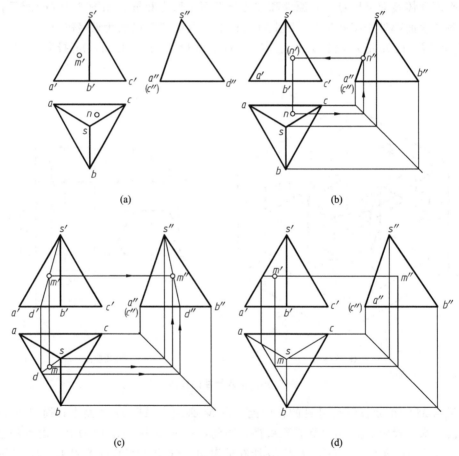

图 2.16 正三棱锥表面取点

2.3.4 曲面立体的投影分析

曲面立体的投影可以看成是曲面立体所有面的投影，主要的曲面立体有圆柱、圆锥、圆球和圆环等。这些立体的表面都是由母线（直线或圆）绕某一轴线旋转而成的，所以它们又称为回转体。本节主要研究回转体的投影。

表 2-1 表示了 4 种常见回转面的形成方式。

表 2-1 4 种回转面的形成方式

圆柱面	圆锥面	圆球面	圆环面
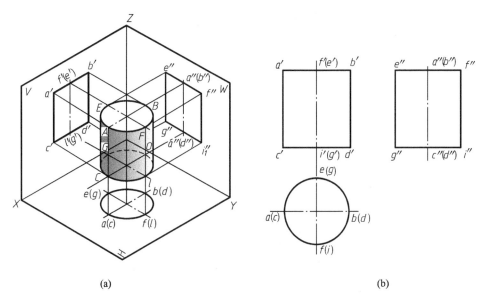			

1. 圆柱

如图 2.17(a)所示，圆柱由圆柱面及上、下底面所围成。其中圆柱面即可以看成是由一平行于轴线的直线(母线)绕其轴线旋转而成的，也可看成是由无数条平行于轴线的素线围成的。

图 2.17(b)为一轴线垂直于水平投影面的正圆柱的三面投影。其投影特性为：圆柱的轴线垂直于 H 面，其上下底圆与水平投影面平行，在水平投影上反映实形，其正面和侧面投影积聚为一直线。

图 2.17 圆柱的投影

圆柱面的水平投影具有积聚性，重影为一圆，在正面和侧面投影上分别画出圆柱最左、最右两条素线 AC、BD 的投影 $a'c'$、$b'd'$；在侧面投影上为最前、最后两条素线 FI、EG 的投影 $e''g''$、$f''h''$。作图时首先在 3 个投影面上画出中心线、轴线的投影，然后画出水平投影的圆，再画出其他两个投影，结果如图 2.17(b)所示。

2. 圆锥

圆锥表面由圆锥面和底面组成。圆锥面是一直母线绕着与它相交的轴线回转而成的，如图 2.18(a)所示。

图 2.18(a)所示为一轴线垂直于水平投影面的圆锥，底面与水平投影面平行，因此它的水平投影反映实形（圆），其正面和侧面投影积聚成一直线。对圆锥面要分别画出决定其投影范围的外形轮廓线，其中最左素线 SA、最右素线 SB 为圆锥面前后可见和不可见部分的分界线，即前半圆锥面可见，后半圆锥面不可见；在侧面投影中，最前素线 SC、最后素线 SD 是圆锥面左右可见和不可见部分的分界线，即左半圆锥面可见，右半圆锥面不可见。

作图时，先画出轴线和对称中心线的各面投影，然后画出底面圆的三面投影及锥顶的投影，最后分别画出其外形轮廓线，即完成圆锥的各个投影，如图 2.18(b)所示。

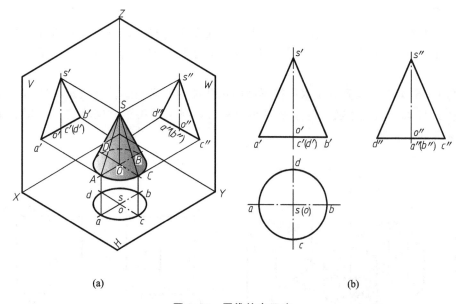

图 2.18 圆锥的表示法

3. 球

如图 2.19(a)所示，圆球由圆球面所围成。圆球面可以看成是由一个母线圆（过直径的圆）绕其通过圆心的轴线（直径）旋转而成的。

如图 2.19(b)所示，圆球的各面投影均为与其直径相同的圆，但各个投影面上的圆是不同的母线圆的投影，正面投影的圆是平行于正投影面的母线圆的投影，水平投影和侧面投影的圆分别是平行于水平和侧面投影面的母线圆的投影。作图时，首先确定球心的 3 个投影绘制中心线，然后再以 3 个球心投影为圆心画出与球等直径的圆。

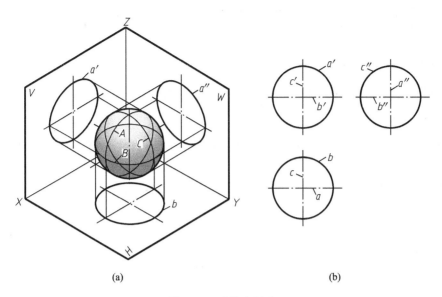

图 2.19 球的表示法

4. 圆环

如图 2.20 所示,圆环的表面是由环面围成的。环面是由一圆母线绕不过圆心但在同一平面上的轴线回转而成。

在画圆环的投影时,一般把圆环的轴线置于垂直于水平投影面的位置,如图 2.20 所示。在投影图中,水平投影上画出两个同心圆,是圆环面对水平投影面的最大圆和最小圆。

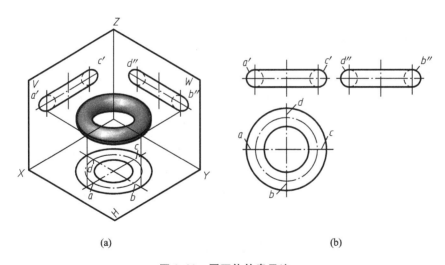

图 2.20 圆环体的表示法

正面投影上左、右两小圆是前半圆环面和后半圆环面分界处的外形轮廓线,侧面投影上左、右两小圆是左半圆环面和右半圆环面分界处的外形轮廓线,正面投影和侧面投影上下两条水平直线是内圆环面和外圆环面分界处的外形轮廓线。正面和侧面投影中顶底两直线是圆环面最高、最低圆的投影。水平投影中最大、最小圆是区分上、下圆环面的外形轮廓线，点画线圆是母线圆心的轨迹。

2.3.5 曲面立体表面上取点

在回转体表面上取点的方法与在平面立体表面上取点求投影的方法相似。

1. 圆柱面上取点

圆柱面上取点，通常利用圆柱面对某一投影面的积聚性进行作图。圆柱的投影如图 2.21 所示。

如图 2.21(c)所示，已知点 M 的正面投影 m'，由于 m' 是可见的，因此点 M 必定在前半个圆柱面上，水平投影 m 必定在前圆周上，可以求得 m。由 m、m' 根据点的投影规律可求得 m''。

判断可见性：由于 M 水平投影在具有积聚性投影的圆周上，因此不用判断可见性。由于 M 的水平投影在左半个圆周上，所以 m'' 可见。

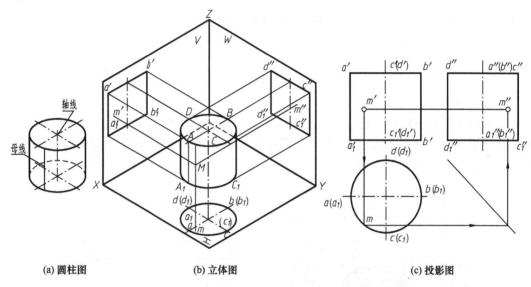

(a) 圆柱图　　　(b) 立体图　　　(c) 投影图

图 2.21 圆柱的投影

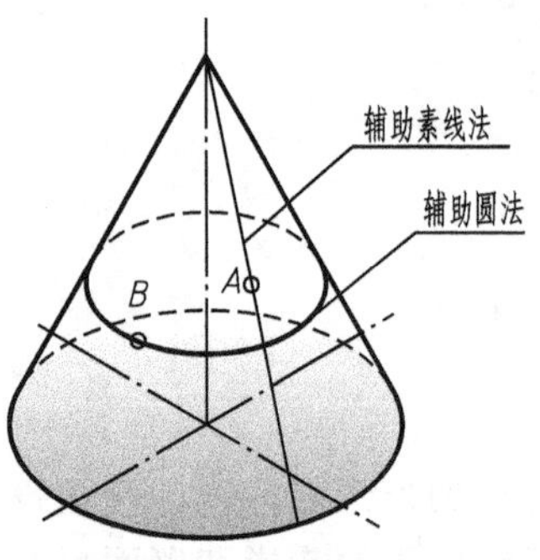

根据规定，回转面如果与投影面垂直，则回转面在投影面上的投影具有积聚性，则该回转面上点在投影面上的投影都不判别可见性。如 m 的投影就不用判别可见性。

2. 圆锥面上取点

1) 辅助素线法

在圆锥面上，先过已知点和锥顶可以做一条直素线，再根据点在直线上的投影规律，完成圆锥面上取点的投影作图，该方法称为辅助素线法。

如图 2.23(a)所示，过锥顶 S 与点 K 作辅助素线 SG 的三面投影，再根据直线上点的投影规律，作出 k、k''，最后

图 2.22 圆锥面上取点的作图原理

进行可见性判别。由 k' 的位置及可见性可知，点 K 在右前半圆锥面上，所以 k 可见，k'' 不可见。

2) 辅助圆法

如图 2.23(b)所示，过点 K 作平行于锥底的辅助圆，即在正面投影中过 k' 作一水平线 $1'2'$，则 $1'2'$ 即为辅助圆的正面投影，并反映辅助圆的直径。在水平投影上，以 S 为圆心，以 $1'2'$ 为直径作圆，该圆即为辅助圆的水平投影，由正面投影和水平投影可得辅助圆的侧面投影。因为点 K 在辅助圆上，可根据辅助圆的三面投影求出点 K 的另两个投影。

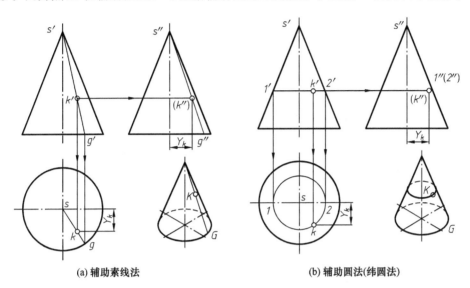

(a) 辅助素线法　　　　　　　　(b) 辅助圆法(纬圆法)

图 2.23　圆锥面上取点的投影作图

3. 球面上取点

由于形成球面的母线是圆，在球面上取点，没有直线可用来作为辅助线，只能过该点在球面上作一平行于某一投影面的辅助圆，然后在该辅助圆的投影上取点。

【例 2.3】 如图 2.24(a)所示，已知球面上点 C 的水平投影 c，求作其正面投影和侧面投影。

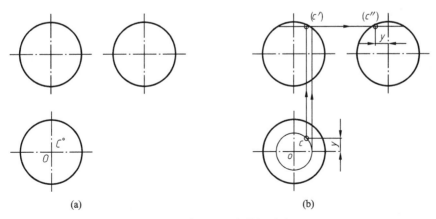

图 2.24　球面上取点的投影作图

分析与作图：过 C 点在球面上可作一水平辅助圆，其水平投影是以 o 为圆心，oc 为半径作圆，该圆的正面投影和侧面投影均为直线。由此即可求出 c' 和 c''，其作图方法如图 2.24(b)所示。从水平投影 c 可以看出，C 点位于右半球和后半球上，因此 c' 和 c'' 都不可见。实际上，在球面上过 C 点也可以作正平圆或侧平圆，读者可自行分析。

2.4 平面与立体表面相交

在机械零件表面常出现一些交线。如图 2.25、2.26 所示，一种是平面（称为截平面）与立体相交，在立体表面产生的交线，称为截交线，截交线所围成的平面图形称为断面；另一种是两立体相交，在立体表面产生的交线，称为相贯线。

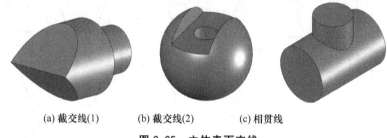

(a) 截交线(1)　　(b) 截交线(2)　　(c) 相贯线

图 2.25　立体表面交线

截交线的性质如下。

(1) 共有性。截交线既在截平面上，又在立体表面上，因此截交线是截平面与立体表面的共有线。截交线上的点是截平面与立体表面的共有点。

(2) 封闭性。由于立体表面是封闭的，因此截交线一般是封闭的平面图形。截交线的形状决定于立体表面的形状和截平面与立体的相对位置。

2.4.1 平面与平面立体相交

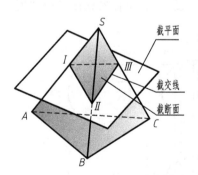

图 2.26　平面与平面立体相交

平面立体的截交线是一个多边形。多边形的每条边是截平面与立体各棱面的交线，而多边形的顶点是截平面与各棱线的交点。因此，求平面立体上的截交线就是求棱线与截平面的交点，或求棱面与截平面的交线的投影。

图 2.26 为一个三棱锥被平面所截切，其交线 Ⅰ-Ⅱ-Ⅲ-Ⅰ即是截交线。从图中可以看出，这条截交线是一个封闭的平面三角形，其 3 个顶点正是截平面与三棱柱的 3 条棱线的交点，3 条边就是截平面与 3 个棱面的交线。

1. 根据棱线与截平面的交点求平面与平面立体的截交线

如图 2.27(a)所示，截平面与正立投影面垂直并与三棱锥相截，求棱锥的水平投影和侧面投影。

由于截平面与正立投影面垂直，根据直线与平面求交点的方法，可以直接求出棱线 SA、SB、SC 与截平面的交点 I、II、III 的正面投影 1′、2′、3′。根据投影关系，可求出相应的水平投影 1、2、3。依次连接各点的同面投影，即可得到截交线的水平投影和侧面投影。其作图过程如图 2.27(b) 所示。在求出截交线的投影后还应注意判断截交线的可见性，如果截交线所在的平面可见，则截交线可见，否则不可见。

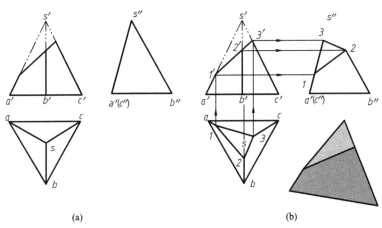

图 2.27 正垂面截切三棱锥

2. 根据棱面与截平面的交线求平面与平面立体的截交线

在形状较为复杂的机械零件上，经常有平面与平面立体相交而形成的具有缺口的平面立体或穿孔的平面立体，作图时只要逐个作出各个截平面与平面立体的截交线，并画出截平面之间的交线，就可以作出这些平面立体的投影图。

【例 2.4】 图 2.28 为一带切口的三棱锥。已知一个缺口三棱锥的正面投影，补全它的水平投影和侧面投影。

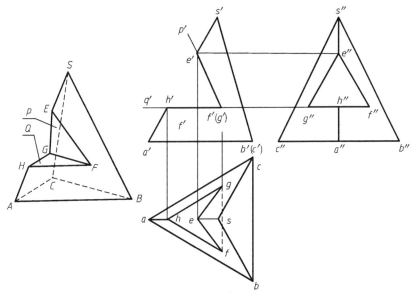

图 2.28 补全缺口三棱锥的水平投影和侧面投影图（正垂面和侧平面截切五棱柱）

分析：

切口由水平截面和正垂截面组成，切口的正面投影有积聚性。水平截面与三棱锥的底面平行，因此它与 △SAB 棱面的交线 FH 必平行于底边 AB，与 △SAC 棱面的交线 GH 必平行于底边 AC，正垂截面分别与 △SAB、△SAC 棱面交于 EF 和 EG。由于组成切口的两个截面都垂直于正投影面，所以两截面的交线 FG 一定是正垂线，然后判断各交线的可见性，最后可画出这些交线的投影即完成切口的水平投影和侧面投影。

作图：

(1) 由 h' 在 sa 上作出 h，又由 h 作 hf∥ab、hg∥ac，再分别由 f'、g' 在 fh 和 gh 上作出 f、g。由 $f'h'$ 和 fh 作出 $f''h''$，由 $g'h'$ 和 gh 作出 $h''g''$。

(2) 由 e' 作出 e 和 e''（E 在 SA 上）。然后再分别与 f、g 和 f''、g'' 连成 ef、eg 和 $e''f''$、$e''g''$。

(3) 最后求 P 平面与 Q 平面的交线 FG，特别注意组成切口两截面交线的水平投影 gf 应连成细虚线，即完成切口的水平投影和侧面投影。

2.4.2 平面与曲面立体相交

平面与曲面立体相交的截交线是二者的共有线，一般是封闭的平面曲线，也可能是平面图形或多边形。其形状取决于回转体的几何特征，以及回转体与截平面的相对位置。

1. 平面与圆柱相交

平面与圆柱体表面交线有 3 种情况，见表 2-2。

表 2-2 平面与圆柱相交的各种情况

截平面位置	垂直于轴线	倾斜于轴线	平行于轴线
截交线	圆	椭圆	矩形
立体图	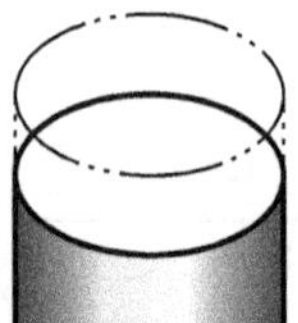	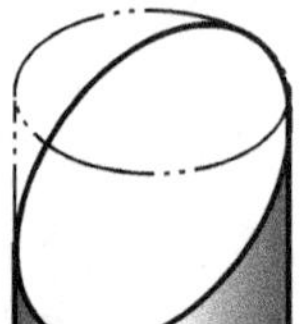	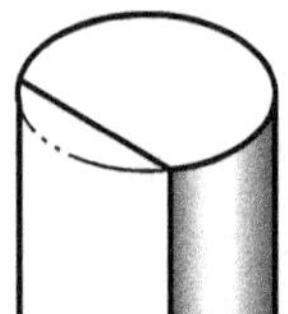
投影图	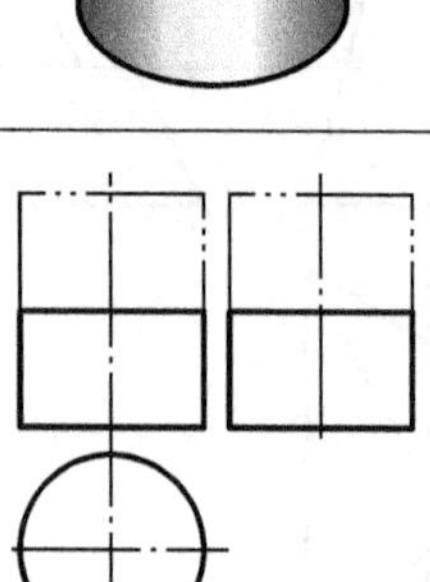	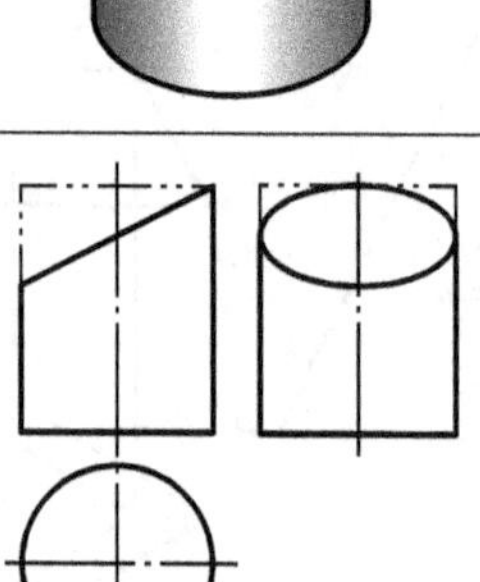	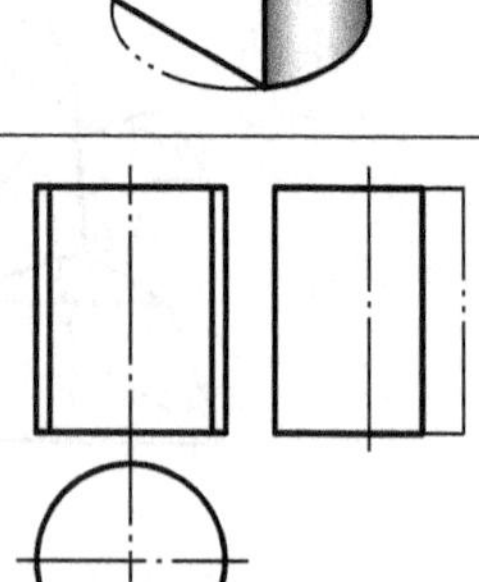

当截交线是圆或直线时，可借助绘图仪器直接作出截交线的投影。当截交线为非圆曲线时，则需采用描点作图。即先找出截交线上的特殊点，再作出若干个一般点，判断可见

性，根据截交线的形状特征，将这些共有点连成光滑曲线。所谓特殊点包括曲面立体素线上的点，截交线在对称轴上的点，以及截交线上最高、最低点，最左、最右点，最前、最后点等。

图 2.29(a)所示为一圆柱体被一平面截切，要求画出截切后圆柱的侧面投影。

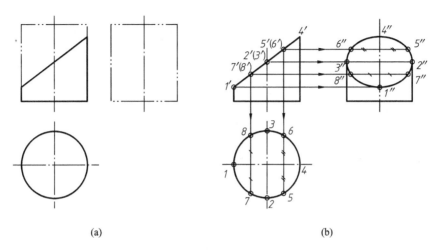

图 2.29 正垂面与圆柱相交

由于截平面倾斜于圆柱的轴线，因此截交线为一椭圆。截交线的水平投影和正面投影均具有积聚性，作图步骤如下。

(1) 求特殊点。如图 2.29(b)所示，Ⅰ和Ⅳ点为最左和最右素线上的点，也是最低点和最高点，同时也是椭圆长轴上的点。Ⅱ点和Ⅲ点为最前和最后素线上的点，同时也是椭圆短轴上的点。

(2) 求中间点。Ⅴ、Ⅵ、Ⅶ、Ⅷ点为作图需要的中间点。可根据圆柱面水平投影具有积聚性，利用点的投影规律作图。

(3) 判别可见性，光滑连接。在求出这些点的侧面投影后，可以看出这些点的侧面投影均可见，光滑连接后，如图 2.29(b)所示。

(4) 整理轮廓线。可以看到，自Ⅱ点和Ⅲ点向上，圆柱最前和最后轮廓线被切去。

2. 平面与圆锥相交

平面与圆锥相交，根据截平面与圆锥轴线的相对位置，其截交线有 5 种情况，见表 2-3。

表 2-3 平面与圆锥相交的各种情况

截平面位置	通过锥顶	垂直于轴线	倾斜于轴线且 ($\alpha > \phi$)	倾斜于轴线 ($\alpha = \phi$)	倾斜于轴线 ($\alpha < \phi$)
截交线	等腰三角形	圆	椭圆	抛物线加直线段	双曲线加直线段
轴测图					

截平面位置	通过锥顶	垂直于轴线	倾斜于轴线且 ($\alpha > \phi$)	倾斜于轴线 ($\alpha = \phi$)	倾斜于轴线 ($\alpha < \phi$)
投影图					

如图 2.30 所示，圆锥被一正垂面截去左上端，截切掉的圆锥用双点画线画出，作出截交线的水平投影和侧面投影。

因为截平面倾斜于圆锥的投影轴，由表 2-3 可知，截交线是椭圆，其正面投影积聚成一直线。同时由于圆锥前后对称，所以截断面与它的截交线也是前后对称，截断面椭圆的长轴是截平面与圆锥的前后对称面的交线，端点在最左、最右素线上。

(1) 求特殊点。由图 2.30 可知，截平面和圆锥面最左、最右素线的交点的正面投影 $1'$、$2'$ 即是截交线的最左点和最右点，又是最低点和最高点的正面投影，由 $1'$、$2'$ 可作出水平投影长轴的端点 1、2 和侧面投影短轴的端点 $1''$、$2''$。

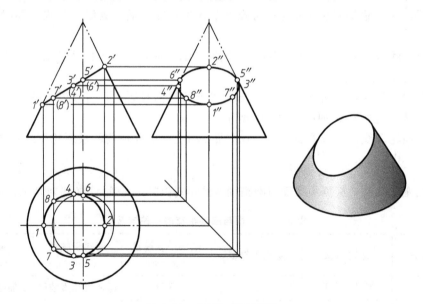

图 2.30 正垂面截切圆锥

选取 $1'$、$2'$ 的中点，即为椭圆短轴有积聚性的投影，也是水平投影中椭圆短轴端点的正面投影 $3'$、$4'$。$3'$、$4'$ 也是最前点和最后点的正面投影。可过 $3'$、$4'$ 作辅助水平圆，作出该辅助水平圆的水平投影，采用表面取点的方法，即可由 $3'$、$4'$ 求得 3、4，再求得 $3''$、

4″(侧面投影中椭圆长轴的两端点)。

(2) 求一般点。在特殊点Ⅰ、Ⅱ、Ⅲ、Ⅳ之间分别取一般点Ⅴ、Ⅵ、Ⅶ、Ⅷ。作图时，先在截交线的正面投影上确定出5′、6′和7′、8′，再用辅助圆法求出水平投影5、6和7、8，最后求得5″、6″和7″、8″。应注意Ⅴ、Ⅵ是最前和最后两条素线上的点，因此5″、6″是截交线侧面投影与圆锥侧面投影外形轮廓线的切点。

(3) 判别可见性，然后依次光滑连接各点即得截交线的水平投影和侧面投影。

3. 平面与圆球相交

圆球被平面截切，无论截平面的位置如何，其截交线均是圆。当截平面平行于投影面时，截交线在所平行的投影面上的投影为圆，其余两面投影积聚为直线，该直线的长度等于圆的直径，如图 2.31 所示。当截平面倾斜于投影面时，截交线的投影为椭圆。

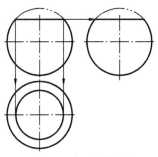

图 2.31 球面的截交线

2.4.3 截交线投影综合举例

在实际应用中，立体被平面所截的情况是比较复杂的。除了被单一的平面所截切之外，还包括单个立体被多个截平面所截、多个立体组合后被一个或多个平面所截等情况。因此在求解截交线投影的过程中，关键的一步是准确地分析及判断形体。即首先要根据所给条件判断被截基本体的类型及其投影特性、截平面与被截基本体的相对位置及与投影面的相对位置，从而确定所求截交线的空间形状和投影形状。

【例 2.5】 求作顶尖头部的截交线的投影，如图 2.32 所示。

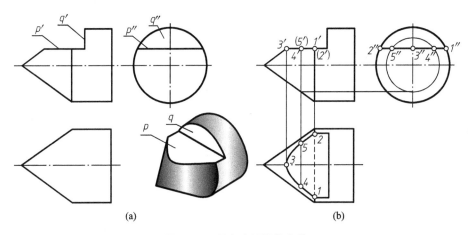

图 2.32 顶尖头部的截交线

分析：

顶尖是由轴线垂直于侧立投影面的圆锥和圆柱组成的同轴回转体，圆锥与圆柱的公共底圆是它们的分界线，顶尖的切口由平行于轴线的平面 P 和垂直于轴线的平面 Q 截切，平面 P 与圆锥面的交线为双曲线，与圆柱面的交线为两条直线；平面 Q 与圆柱的交线是一圆弧。平面 P、Q 彼此相交于直线段，如图 2.32(a)所示。

作图：

(1) 求作平面 P 与顶尖的截交线，如图 2.32(b) 所示。由于其正面投影和侧面投影有积聚性，故只需求出水平投影。首先找出圆锥与圆柱的分界线，从正面投影可知，分界点即为 $1'$、$2'$，侧面投影为 $1''$、$2''$，进而求出 1、2。分界点左边为双曲线，其中 1、2、3 为特殊点，4、5 为一般点，具体作图步骤读者自己分析。右边为直线，可直接画出。

(2) 平面 Q 的正面投影和水平投影都积聚为直线，侧面投影积聚到圆周上的一段圆弧，可直接求出。

(3) 判别可见性，将各点依次光滑连接并加深。

工程零件上常见的还有一类带切口的基本体，其立体形状与三面投影见表 2-4。

表 2-4 常见的带切口基本体的投影

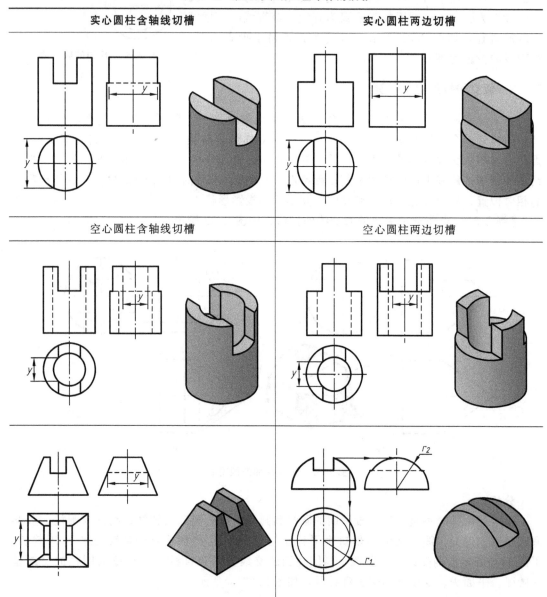

2.5 立体与立体相交

两立体表面的交线称为相贯线。两曲面立体表面的相贯线一般是封闭的空间曲线,是两立体表面共有点的集合。

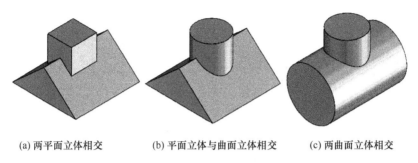

(a) 两平面立体相交　　(b) 平面立体与曲面立体相交　　(c) 两曲面立体相交

图 2.33　两立体相交的种类

两回转面相交时,交线的形状取决于回转面的形状、大小和它们轴线的相对位置。本节主要论述两曲面立体中的两回转体相交时相贯线的性质和作图方法。

相贯线的作图方法如下。

根据相贯线的性质,求相贯线的基本作图问题实质是求相贯的两立体表面的共有点,再将这些点光滑连接起来,即得相贯线。其作图方法主要有两种:积聚性法、辅助平面法。

求相贯线的一般步骤如下。

(1) 分析两立体的形状、大小和相互位置,以及它们对投影面的相对位置,然后分析相贯线的性质。

(2) 求特殊点:特殊点是指能确定相贯线的形状和范围的点,如立体的转向轮廓线上的点、对称的相贯线在其对称平面上的点以及相贯线上最高、最低点,最前、最后点,最左、最右点。

(3) 求一般点,为使作出的相贯线更加准确,需要在特殊点之间求出若干个一般点。

(4) 判别可见性:对相贯线的各投影应分别进行可见性判别。

(5) 依次光滑连接各点同面投影,即为所求。

1. 利用积聚性法求相贯线

当两曲面立体相交,其中至少有一个为圆柱体,其轴线垂直于某投影面时,则圆柱面在该投影面上的投影为一个圆。其他投影可根据表面上取点的方法作出。

如图 2.34(a)所示,求作轴线正交(两圆柱轴线垂直相交)的两圆柱的相贯线的投影。

由于两圆柱正交,因此相贯线为前后、左右均对称的空间曲线。其水平投影重影于直立圆柱的水平投影上,侧面投影重影于水平圆柱的侧面投影上,所以只需作相贯线的正面投影。

(1) 求特殊点。从水平投影和侧面投影可以看出,两圆柱面 V 面投影轮廓线的交点为相贯线的最左点和最右点 $I(1, 1', 1'')$ 和 $III(3, 3', 3'')$,同时它们又是最高点。从侧面

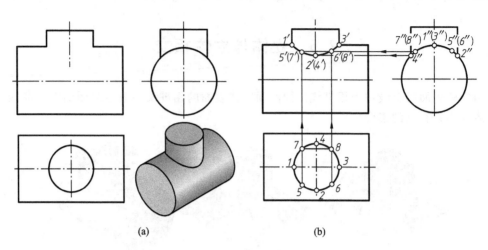

图 2.34 两圆柱相贯

投影中可以直接得到最低点 Ⅱ(2，2′，2″)和 Ⅳ(4，4′，4″)，同时它们又是最前点和最后点。

（2）求一般点。由于相贯线的水平投影具有积聚性，且已知相贯线前后左右都对称，可以在水平投影上取点 5、6、7、8，由于水平圆柱的侧面投影具有积聚性，可作出其侧面投影 5″、6″、7″、8″，最后由水平、侧面投影求得其正面投影 5′、6′、7′、8′。

（3）判别可见性。相贯线正面投影的可见与不可见部分重合，故画成粗实线。

（4）依次光滑连接各点的正面投影，即为所求。

由于圆柱面可以是圆柱体的外表面，也可以是圆柱孔的内表面，因此两圆柱轴线垂直相交可以有 3 种形式：两圆柱外表面相交（图 2.34）、外表面与内表面相交（图 2.35(a)）、两内表面相交图（图 2.35(b)）。

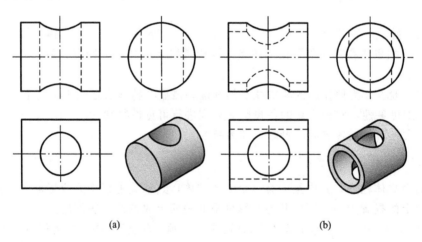

图 2.35 圆柱通孔与圆筒通孔

2. 辅助平面法

辅助平面法是用辅助平面同时截切相贯的两回转体，在两回转体表面得到两条截交线，这两条截交线的交点即为相贯线上的点。这些点既在相贯两立体的表面上，又在辅助平面上，因此，根据三面共点原理，用若干个辅助平面求出相贯线上一系列共有点即可求得相贯线。但应强调的是，取辅助平面时，必须使它们与两回转体相交后，所得截交线的投影为最简单（直线或圆）。另外，有些也可应用立体表面上取点、线的方法求之。

如图 2.36(a)所示，求作轴线正交的正立圆锥和水平圆柱的相贯线。

由于水平圆柱的侧面投影具有积聚性，则相贯线的侧面投影必与其重合，因此要求作的是相贯线的水平投影及正面投影，即属于已知相贯线的一个投影求作另两个投影的问题。

解题方法拟采用辅助平面法。由于圆锥轴线垂直于 H 面，圆柱的轴线垂直于 W 面，因此选用水平面（与 H 面平行）作为辅助平面。该辅助平面与圆锥的交线为一纬圆，与圆柱的交线为两条直素线，该纬圆与直线的交点即为相贯线上的点。

(1) 求特殊点。由于两立体轴线相交，且前后对称。所以相贯线的正面投影重合，水平投影前后对称。两立体相对于 V 面的轮廓线彼此相交的交点Ⅰ(1，1′，1″)，正好同时是两立体特殊素线上的点，也就是相贯线上的点且为最高点，同理，交点Ⅱ(2，2′，2″)为最低点，也是最左点；求作最前、最后点和最右点，可借助于辅助平面法。过圆柱轴线作辅助平面 P，P 与圆锥相交，截交线为水平圆，与圆柱相交，截交线为两条相对 H 面的轮廓线，轮廓线的交点Ⅲ(3，3′，3″)为最前点，Ⅳ(4，4′，4″)为最后点；最右点的确定，可在正面投影上，用向圆锥轮廓线作垂线的方法确定辅助平面 R 的位置，求出最右点Ⅴ(5，5′，5″)和Ⅵ(6，6′，6″)。

(2) 求中间点。为了作图准确，可再作一系列的水平辅助面，如图 2.36(b)所示的 S 面，找到若干组中间点，如图 2.36(b)所示的Ⅶ(7、7′和7″)和Ⅷ(8、8′和8″)。

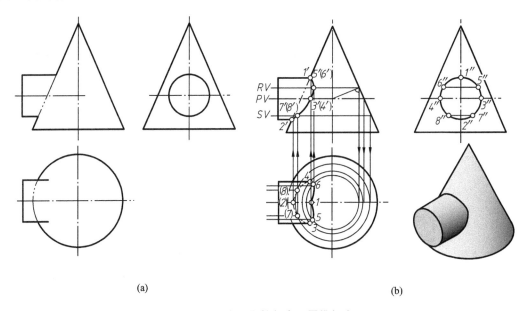

(a)   (b)

图 2.36 水平圆柱与直立圆锥相交

(3) 判别可见性，光滑连接。对于相贯线的正面投影，可见部分与不可见部分重合，应画成粗实线。对于水平投影，圆柱面的上半部分与圆锥面的交线可见，故Ⅲ、Ⅳ两点是可见与不可见的分界点。

(4) 整理轮廓线。注意到正面投影上 $1'$ 和 $2'$ 之间，圆锥的最左轮廓线与圆柱相交，被去除，结果如图 2.36(b)所示。

如前所述，相贯线在一般情况下是一条封闭的空间曲线，但在某些情况下，它可能会蜕变为平面曲线或者直线，见表 2-5。

表 2-5 相贯线的特殊情况

性质	相贯示例及说明	
相贯线为直线的情况	两圆柱轴线相互平行，相贯线是与轴线平行的两条直线	两圆锥共锥顶，相贯线是过锥顶的两相交直线
球与回转体相交，且球心在回转体轴线上时的相贯线——圆	球心在圆柱的轴线上，相贯线是垂直于轴线的圆	球心在圆锥的轴线上，相贯线是垂直于轴线的圆
两相交立体公切于一个球时的相贯线——椭圆	两圆柱轴线垂直相交，公切于一个球，相贯线是椭圆，在两圆柱轴线所平行的投影面上，投影积聚为两条直线	圆柱和圆锥轴线垂直相交，共切于一个球，相贯线是椭圆，在圆柱和圆锥轴线所平行的投影面上，投影积聚为两条直线

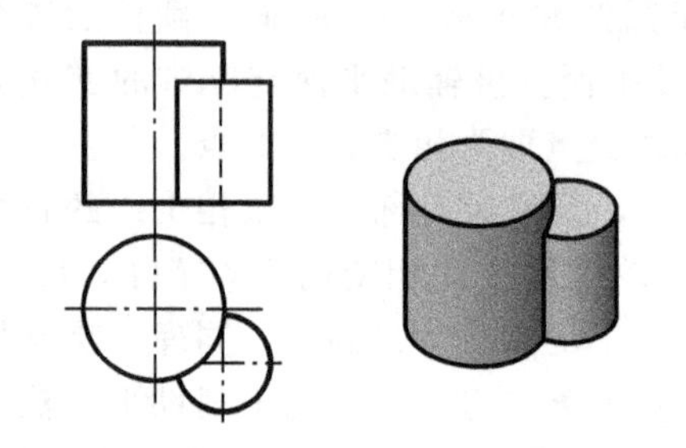

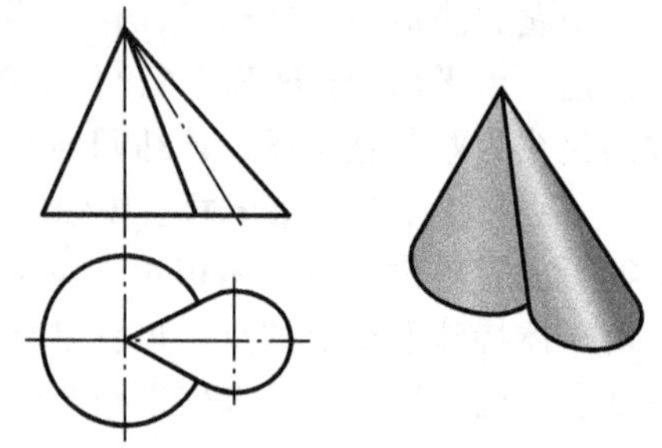

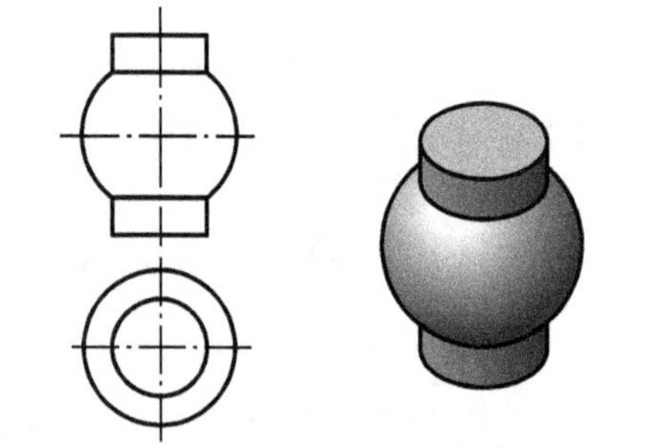

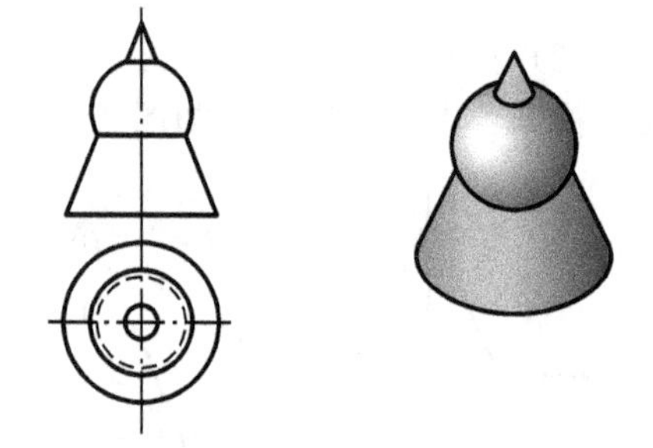

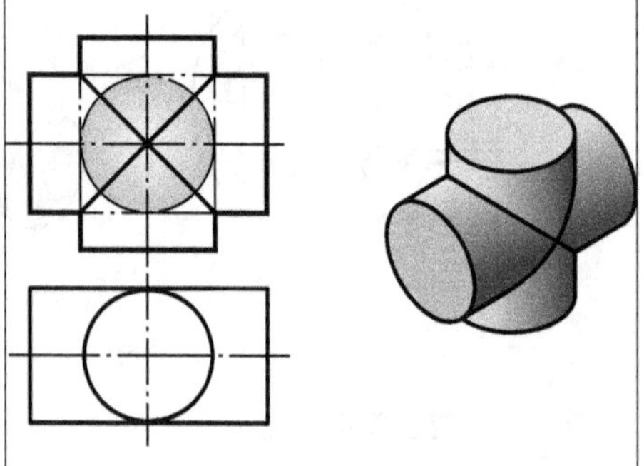

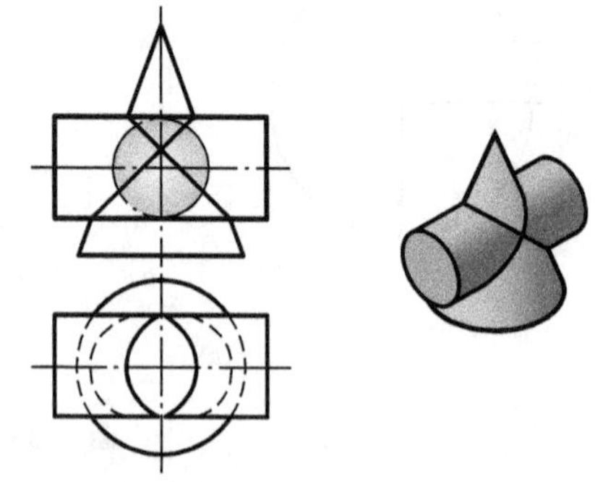

常见穿孔圆柱体的结构见表 2-6。

表 2-6 常见穿孔圆柱体的结构

穿方孔的空心圆柱	穿圆孔的空心圆柱
组合穿孔空心圆柱之一	组合穿孔空心圆柱之二
组合穿孔空心圆柱之三	组合穿孔空心圆柱之四

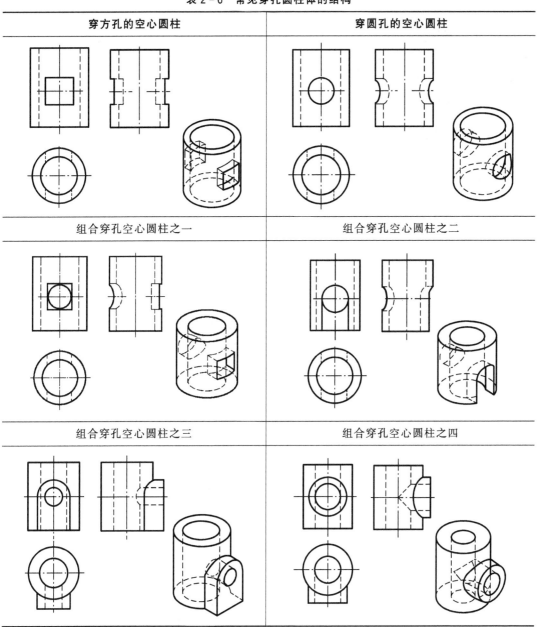

第3章 换面法

当空间的直线和平面对投影面处于一般位置时，它们的投影都不能直接反映其真实形状、距离和角度，也不具有积聚性。但当它们和投影面处于特殊位置时，则它们的投影有的可直接反映其真实形状、距离和角度或具有积聚性。由此可知，若能把几何元素由一般位置改变成特殊位置，有些问题就容易解决，而变换投影面法就是解决这一问题常用的一种图解法。本章仅简单介绍变换投影面法，即换面法。

要求学生通过学习本章内容，了解变换投影面法的基本概念，熟悉使用换面法解决空间基本问题的作图过程。

3.1 换面法概述

从前面所介绍的投影理论可知，当几何元素相对于投影面处于一般位置时，是无法从投影图上直接获取其真实形状、距离和角度的。例如，要获取一个处于一般位置的直角梯形 $ABCD$ 的实形，如图3.1(a)所示。只有当它处于投影面平行面（如水平面）的位置，才能获得，如图3.1(b)所示；同样，要得知一点 K 到一个三角形平面 EFG 之间的真实距离，如图3.2(a)所示。也只有当该平面垂直于某一投影面时（如铅垂面），才能在这个投影面上直接获得它们的真实距离，如图3.2(b)所示。

由此可知，在进行空间问题的图示和图解过程中，如果能通过某种变换规则，使空间几何元素相对于投影面由一般位置转换为特殊位置，使其投影或直接反映实形，或具有积聚性，那么问题就可以得到简化。这种变换规则就称为投影变换。

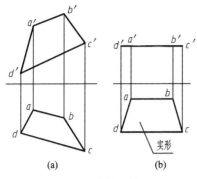

图 3.1 寻求梯形的实形

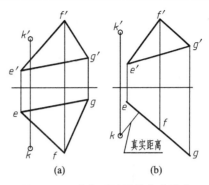

图 3.2 寻求点到平面的真实距离

换面法的基本解题思路是：空间几何元素本身在空间的位置不动，而在其所在的两投影面体系中，保持一个投影面不动，用某一辅助投影面代替另一个投影面，使其相对于该辅助投影面处于解题所需的有利位置。实际上，以 V/H 两投影面体系为例，垂直于 V 面或 H 面的平面有无穷多个。每新设立一个投影面，就会与原始体系中的那个不变投影面形成一个新的投影体系。因此，在选择辅助投影面时，首先必须将辅助投影面垂直于原投影体系中的另一个投影面(不变投影面)，以构成一个新的两投影面体系，并且应考虑到所选择的辅助投影面必须处于最有利于解题的位置。

图 3.3(a)所示的是如何应用换面法将一个铅垂面 ABC 变换为辅助投影面 V_1 的平行面。此时，由于 $\triangle ABC /\!/ V_1$，因此，$\triangle ABC$ 在 V_1 面上的投影 $\triangle a_1'b_1'c_1'$ 即反映其实形。其图解过程如图 3.3(b)所示。

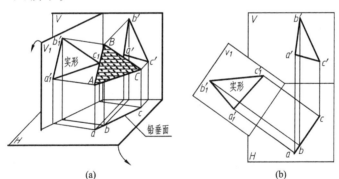

图 3.3 换面法的基本解题思路

3.2 点的换面

点是最基本的几何元素。要运用换面法解决问题，首先必须掌握点的投影变换规律。

3.2.1 点的一次换面

1. 保留 H 面变换 V 面

以 V 和 H 组成的两投影面体系为例，并将其记为 $X\dfrac{V}{H}$。若在 $X\dfrac{V}{H}$ 的基础上，保持 H

面不动,则 H 面即称为不变投影面,垂直于 H 面增设一个辅助投影面 V_1,即形成了两个相互关联的两投影面体系,分别用符号 $X\dfrac{V}{H}$ 和 $X_1\dfrac{V_1}{H}$ 表示。其中,X_1 表示辅助投影面与不变投影面的交线,V_1 表示新设的辅助投影面。点 A 在 V_1 面上的投影 a_1' 称为点 A 的辅助投影,而与其相关联的投影 a' 和 a 则称为不变投影。点的一次投影变换的变换过程、投影体系的展开及投影变换规律如图 3.4 所示。

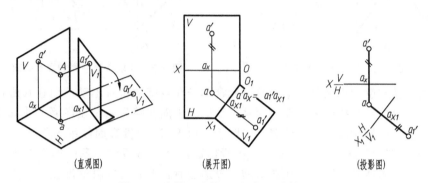

(直观图)　　　　　(展开图)　　　　　(投影图)

图 3.4　点的一次换面(保留 H 变换 V)

(1) 点的不变投影与辅助投影之间的连线垂直于 X_1 轴。

即:aa_1' 垂直于 X_1 轴。

(2) 点的辅助投影到辅助投影轴 X_1 的距离等于被更换的投影到原投影轴 OX 的距离。

即:$a_1'a_{x1}=a'a_x$

2. 保留 V 面变换 H 面

为叙述清楚起见,仍以 V 和 H 组成的两投影面体系为例,并将其记为 $X\dfrac{V}{H}$。若在 $X\dfrac{V}{H}$ 的基础上,保持 V 面不动,则 V 面即称为不变投影面,垂直于 V 面增设一个辅助投影面 H_1,即形成了两个相互关联的两投影面体系,分别用符号 $X\dfrac{V}{H}$ 和 $X_1\dfrac{V}{H_1}$ 表示。其中,X_1 表示辅助投影面与不变投影面的交线,H_1 表示新设的辅助投影面。点 A 在 H_1 面上的投影 a_1 称为点 A 的辅助投影,而与其相关联的投影 a' 和 a 则称为不变投影。点的一次投影变换的变换过程、投影体系的展开及投影变换规律如图 3.5 所示。

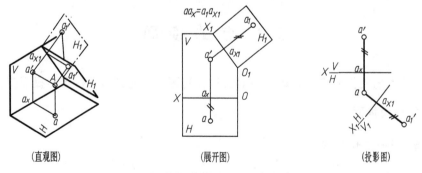

(直观图)　　　　　(展开图)　　　　　(投影图)

图 3.5　点的一次换面(保留 V 变换 H)

(1) 点的不变投影与辅助投影之间的连线垂直于 X_1 轴。

即：$a_1 a'$ 垂直于 X_1 轴。

(2) 点的辅助投影到辅助投影轴 X_1 的距离等于被更换的投影到原投影轴 OX 的距离。

即：$a_1 a_{x1} = a' a_x$

3.2.2 点的二次换面

点的二次换面指的是在第一次换面之后的基础上，以第一次的投影体系 $X_1 \dfrac{V_1}{H}$ $\left(\text{或 } X_1 \dfrac{V}{H_1}\right)$ 中的投影面 V_1（或 H_1）为不变投影面，增设与其垂直的新投影面 H_2（或 V_2），组成新的投影体系 $X_2 \dfrac{V_1}{H_2}$ $\left(\text{或 } X_2 \dfrac{V_2}{H_1}\right)$。在求第二次变换的新投影时，则以第一次变换建立起来的新体系中的两个投影作为原体系，运用点的投影规律作图。

图 3.6(a)所示的是空间一点 A 的二次投影变换的过程，而图 3.6(b)所示则表示了 A 点的二次投影变换的作图过程。从图中可知，若第一次换面时，以 H 面为不变投影面，以 V_1 面更换 V 面，那么第二次换面时，则以 V_1 面为不变投影面，以 H_2 更换 H 面。从而在第二次变换后构成了 V_1/H_2 的新体系，新的投影轴则用 X_2 表示。由此可推出点的三次、四次或更多次投影变换的作图方法。

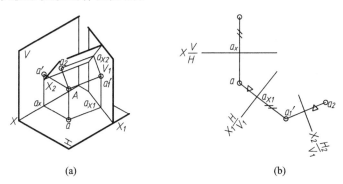

(a)   (b)

图 3.6 点的二次换面

3.3 直线的换面

直线的换面，有下面 3 种基本情况。

3.3.1 将一般位置直线变为投影面平行线

将一般位置直线转换为辅助投影面的平行线，可在该辅助投影面上得到直线的实长和对不变投影面倾角的真实大小。

要求一般位置直线的实长如下。

可任取 V、H 面中的一个投影面为不变投影面，而另一投影面则以 V_1（或 H_1）来替代，形成新的投影体系 $X_1 \dfrac{V_1}{H}$ $\left(\text{或 } X_1 \dfrac{V}{H_1}\right)$，如图 3.7、图 3.8 所示。显然，新投影面 V_1

(或 H_1)的更换条件是 V_1(或 H_1)必须平行于一般位置直线 AB。在投影作图时,即作 X_1 轴平行于直线 AB 的水平投影 ab(或正面投影 $a'b'$)。

要求一般位置直线对投影面的倾角如下。

其实就是指对不变投影面的倾角。也就是说,若要求得直线对 H 面的倾角 α,则 H 面必须设为不变投影面,用 V_1 面更换 V 面。这时,直线在 V_1 面上的投影 $a_1'b_1'$ 与 X_1 轴的夹角即为 α 的真实大小,如图 3.7 所示。

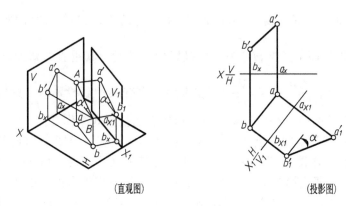

(直观图)　　　　　　　　(投影图)

图 3.7　一般位置直线一次变换为 V_1 投影面平行线

作图步骤如下。

(1) 求 α,则 H 面必须为不变投影面。

(2) 作 $X_1 /\!/ ab$,构成新的投影体系 V_1/H。

(3) 过 a、b 两端点分别作 aa_1'、$bb_1' \perp X_1$ 轴,并使 $a_1'a_{x_1} = a'a_x$,$b_1'b_{x_1} = b'b_x$。

(4) 连接 $a_1'b_1'$,则 $a_1'b_1'$ 为直线 AB 的实长;而 $a_1'b_1'$ 与 X_1 轴的夹角即为所求的倾角 α。

同理,要求得直线对 V 面的倾角 β,则 V 面必须设为不变投影面,而用 H_1 面更换 H 面。直线在 H_1 面上的投影 a_1b_1 与 X_1 轴的夹角即为 β 的真实大小,如图 3.8 所示。

作图步骤如下。

(1) 求 β,则 V 面必须为不变投影面。

(2) 作 $X_1 /\!/ a'b'$,构成新的投影体系 V/H_1。

(3) 过 a'、b' 两端点分别作 $a'a_1$、$b'b_1 \perp X_1$ 轴,并使 $a_1a_{x_1} = a a_x$,$b_1b_{x_1} = bb_x$。

(4) 连接 a_1b_1,则 a_1b_1 亦为直线 AB 的实长;而 a_1b_1 与 X_1 轴的夹角即为所求的倾角 β。

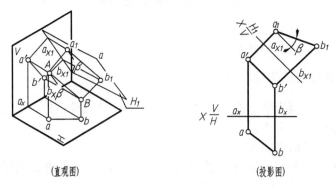

(直观图)　　　　　　　　(投影图)

图 3.8　一般位置直线一次变换为 H_1 投影面平行线

3.3.2 将投影面平行线变换为投影面垂直线

由于投影体系中投影面之间的两两垂直特点,以及正投影法的投影特性,要将一般位置直线转换为投影面垂直线,是不可能直接达到目的的。必须首先将其转换为投影面平行线,然后再进行连续的第二次换面,才能将其转换为投影面垂直线(读者可自行证明)。因此,将投影面平行线变换为投影面垂直线的问题,是换面法的基本作图问题之一。

图 3.9(a)所示的是将一条水平线 AB 变换为辅助投影面 V_1 的垂直线的空间转换过程。从图中可知,由于辅助投影面 V_1 垂直于水平线 AB,而 AB 又平行于 H 面,因此 V_1 面必定垂直于不变投影面 H。换面后,直线 AB 垂直于 V_1 面,其投影在 V_1 面上积聚为一点。图 3.9(b)所示为投影变换的作图过程。

作图时,首先在适当位置上作 X_1 轴垂直于 AB 的水平投影 ab,再应用投影变换规律作出其辅助投影 $a_1'b_1'$($a_1'b_1'$ 积聚为一点)。

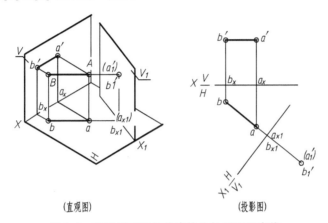

(直观图) (投影图)

图 3.9 将投影面平行线变换为投影面垂直线

3.3.3 将一般位置直线变换为投影面垂直线

图 3.10 所示是将一般位置直线转换为投影面垂直线的投影作图过程。该过程分两步进行,经历了两次连续换面。第一次换面将直线转换为辅助投影面 V_1 的平行线,第二次换面才将直线转换为辅助投影面 H_2 的垂直线,读者可自行练习,并进行分析对比。

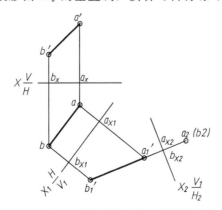

图 3.10 将一般位置直线变换为投影面垂直线

3.4 平面的换面

平面的换面，亦有下面 3 种基本情况。

3.4.1 将一般位置平面变换为投影面垂直面

将一般位置平面变换为投影面垂直面，可在辅助投影面上求得该平面对不变投影面的倾角的真实大小。换句话说，当所作的辅助投影面同时垂直于给定的一般位置平面 P 和原体系中的某一不变投影面时，则平面 P 与不变投影面在辅助投影面上的投影积聚为两条直线，它们之间的夹角即为两平面之间二面角的真实大小，亦即该平面 P 对不变投影面的倾角的真实大小，如图 3.11 所示。

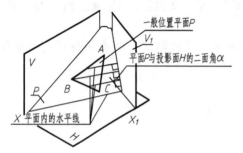

图 3.11 求作一般位置平面对投影面倾角的解题思路

求 α 时：H 面为不变投影面；求作平面 P 上的一条水平线，再作 X_1 轴垂直于该水平线的水平投影，即可将平面 P 转换为辅助投影面 V_1 上的垂直面，如图 3.12 所示。

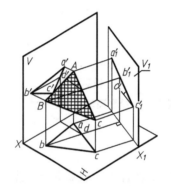 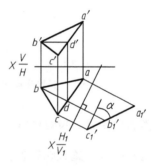

图 3.12 求作一般位置平面对 H 投影面倾角

求 β 时：V 面为不变投影面；求作平面 P 上的一条正平线，再作 X_1 轴垂直于该正平线的正面投影，即可将平面 P 转换为辅助投影面 H_1 上的垂直面，如图 3.13 所示。

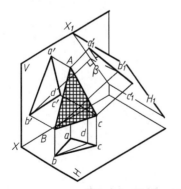 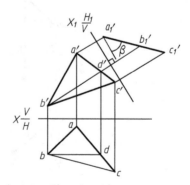

图 3.13 求作一般位置平面对 V 投影面倾角

至于求作一般位置平面对 W 面的倾角 γ 的问题,读者可自行推导。

3.4.2 将投影面垂直面变换为投影面平行面

将投影面垂直面变换为投影面平行面,可在辅助投影面上得到该平面的实形。

如图 3.14(a)所示,欲求作铅垂面 $\triangle ABC$ 的实形,必须作辅助投影面 V_1 平行于 $\triangle ABC$。显然,此时 V_1 也同时垂直于 H 面,并与 H 面组成了一个新的投影体系 $X_1\dfrac{V_1}{H}$,$\triangle ABC$ 则转换成了该体系中的正平面。作图时首先作 X_1 轴平行于 $\triangle ABC$ 的水平积聚性投影 abc,然后应用投影变换规律求出 $\triangle ABC$ 各顶点的辅助投影 a_1'、b_1'、c_1',最后连成 $\triangle a_1'b_1'c_1'$,如图 3.14(b)所示。

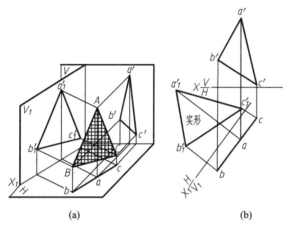

图 3.14 求铅垂面 ABC 的实形

3.4.3 将一般位置平面变换为投影面平行面

显然,若需求作一般位置平面的实形,需经过两次连续换面。首先将给定的一般位置平面转换为辅助投影体系 I 的垂直面,再以此为基础进行连续的第二次换面,将其转换为辅助投影体系 II 的平行面,如图 3.15 所示。

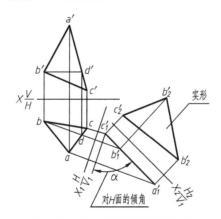

图 3.15 求一般位置平面的实形

第 4 章 组 合 体

任何复杂的形体，都可以看成是由一些基本的形体按照一定的连接方式组合而成的。这些基本的形体包括棱柱、棱锥、圆柱、圆锥、球和环等。由基本形体组成的复杂形体称为组合体。本章将介绍组合体的组合方式，形体分析法、组合体画图、尺寸标注和看图的方法与步骤。

通过学习本章内容，能够熟练掌握组合体的形体分析法、线面分析法。熟练掌握组合体的画图、尺寸标注和看图的方法和技能。

有了点、线、面和基本形体的投影知识，就为讨论比较复杂形体视图的画图和看图奠定了必要的基础。本章将研究组合体视图的画法、看图方法及有关尺寸标注等问题。

4.1 组合体的构成

4.1.1 组合体的形体分析

由若干个基本体通过一定的组合方式组合而成的物体称为组合体。任何复杂的物体都可以看成是由若干个基本体组合而成。这些基本体可以是完整的，也可以是经过钻孔、切槽等加工完成的。如图 4.1 所示的支座，可看成由圆筒、底板、肋板、耳板和凸台组合而成。在绘制组合体视图时，应首先将组合体分解成若干简单的基本体，并按各部分的位置关系和组合形式画出各基本体的投影，综合起来，即得到整个组合体视图。这种假想把复杂的组合体分解成若干个基本形体，分析它们的形状、组合形式、相对位置和表面连接关系，使复杂问题简单化的思维方法称为形体分析法。它是组合体的画图、尺寸标注和看图的基本方法。

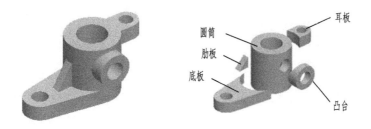

图 4.1　支座的形体分析

4.1.2　组合体的组合形式及其表面关系

1. 组合体的组合形式

组合体的组合形式分为叠加、挖切和综合 3 种，如图 4.2 所示。一般说来，常见的是综合形式。

（1）叠加。构成组合体的各基本形体相互堆积、叠加，如图 4.2（a）所示。

（2）挖切。从较大的基本形体中挖出或切去较小基本形体，如图 4.2（b）所示。

（3）综合。既有叠加，又有挖切，如图 4.2(c)所示。

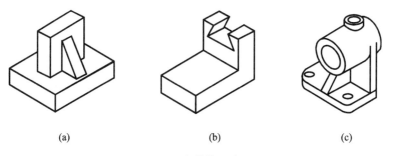

图 4.2　组合体的组合形式

2. 组合体的表面关系

不管是由哪一种形式组成的组合体，其形体邻接表面间的相对位置可归纳为表面不平齐、平齐、相切和相交等 4 种情况。

（1）平齐。两表面平齐的连接处在平行其投影面上的投影不应有线隔开，即共面无线，图 4.3 所示为组合体的前表面。

（2）不平齐。两表面不平齐的连接处在平行其投影面上的投影应有线隔开，即不共面有线，图 4.4 所示为组合体的前表面和左表面。

（3）相切。当组合体上两基本形体相切时，其相切处是光滑过渡，无棱线，不应画线，如图 4.5 中底板前表面与圆柱面外表面相切，底板的上表面积聚性投影（主视图）应画至切点处。切点位置由投影关系确定，即相切处无线。

（4）相交。相交的情况应画出截交线或相贯线，如图 4.6(a)、(b)所示。

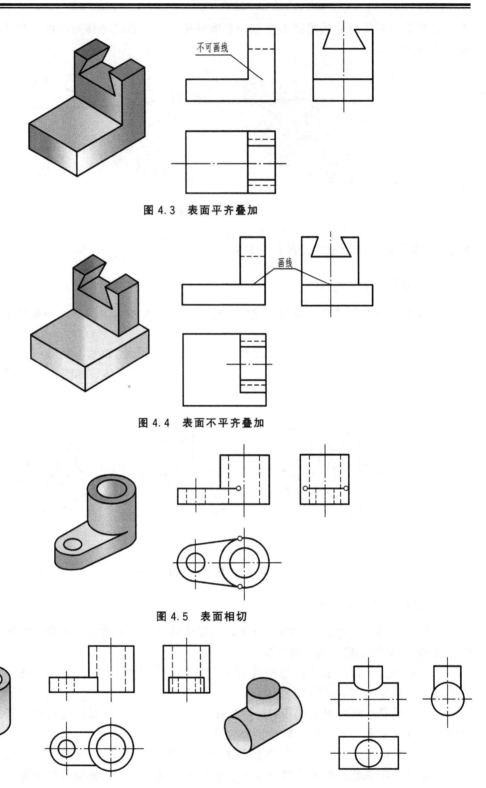

图 4.3 表面平齐叠加

图 4.4 表面不平齐叠加

图 4.5 表面相切

(a)   (b)

图 4.6 表面相交

4.2 组合体视图的画法

画组合体的视图时,首先要运用形体分析法将组合体合理地分解为若干个基本形体,并按照各基本形体的形状、组合形式、形体间的相对位置和表面连接关系,逐步地进行作图。下面结合实例,介绍组合体视图的画法。

4.2.1 叠加组合体视图的画法

以图 4.7(a)所示的机座为例,介绍叠加组合体视图的画图方法和步骤。

1. 形体分析

如图 4.7 所示,轴承座可以分为 5 个部分——底板 1、竖板 2、圆筒 3、肋板 4、凸台 5。它的组合形式在总体上是属于综合类的。底板 1 可以看做由长方体经过圆角、钻孔形成的切割体,圆筒 3 和凸台 5 可以看做由圆柱体经过钻孔形成的切割体。轴承座的 5 个组成部分之间经过堆叠、相贯、相交形成综合类组合体。其中,底板 1 和竖板 2 的后表面平齐叠加;竖板 2 与圆筒 3 的左右相切;肋板 4 与底板 1 和圆筒 3 相交;圆筒 3 和凸台 5 相贯,具有内外两条相贯线。

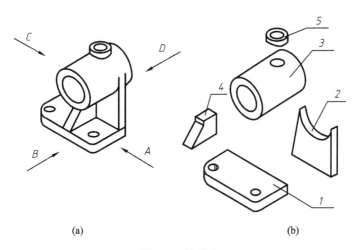

图 4.7 轴承座

2. 视图选择

(1) 选择主视图。主视图的选择要考虑两个问题:一是组合体的安放位置。组合体的安放位置是指把组合体安放成稳定状态,比较大的底面在下,小的部分在上。二是组合体主视图的投射方向。组合体的主视图投影方向的选择原则是能使主视图尽可能多地反映出组合体形状的主要特征,即把能较多地反映组合体形状和位置特征的某一面作为主视图的投射方向,并尽可能使形体上的主要面平行于投影面,以便使投影得到实形。如图 4.7(a)所示的 A、B、C、D 四个方向中 B 向作为主视图的投射方向最好。因为这样,主视图就可明显地反映出底板、圆筒、竖板和肋板的相对位置关系和形状特征。

(2) 确定其他视图，要完整地表达轴承座的各个组成部分的结构形状及其之间的相对位置关系，还需要画出其俯视图和左视图。

3. 定比例、选图幅

视图确定后，要根据实物大小，按相关国家标准规定选择适当的比例和图幅。

4. 布置视图、画底稿

布置视图时，首先计算好各视图的总体尺寸，并预留出各视图间的适当间距以便标注尺寸，然后画出基准线，如组合体的对称中心线、轴线、较大的平面积聚性投影线及主要的定位线，如图4.8(a)所示。

基准线画好后，将组合体的各个组成部分用细实线逐个画出。画图顺序一般为：先画大的形体，后画小的形体；先画主要轮廓，后画细节部分；先画实线，后画虚线；先画定位尺寸全的部分，后画连接部分。具体画图时，可以从主视图着手，各基本体的3个视图联系起来画，以利于保证投影关系的正确和图形的完整性。本例应先画出底板1的3个视图，如图4.8(b)所示；根据圆筒3与底板1的位置关系，画出圆筒3的3个视图，如图4.8(c)所示。根据竖板2与底板1后表面平齐、与圆筒3相切的关系，画竖板2的3个视图，如图4.8(d)所示。画其他部分及细节，如图4.8(e)所示。

5. 检查、描深

底稿画完后，逐个检查每个组成部分的各视图，改正错误，去掉多余图线，添画遗漏图线。检查完后，按照国家标准规定的各种线型描深所有图线，如图4.8(f)所示。

描深顺序一般是先描深细线，再描深粗线。描深粗线时先描深曲线，再描深直线。当几种线型重合时，一般按"粗实线、细虚线、细点画线、细实线"的顺序优先选画排序在前面的线型。

画图时应注意以下几点。

(1) 绘图时，应先画出反映形状特征的视图，再画其他视图，3个视图应配合画出，各视图注意保持"长对正、高平齐、宽相等"。

(2) 在作图过程中，每增加一个组成部分，要特别注意分析该部分与其他部分之间的相对位置关系和相邻表面间连接关系，同时注意被遮挡部分应随手改为虚线，避免画图时出错。

4.2.2 挖切组合体视图的画法

以图4.9所示的组合体为例，画挖切组合体视图的画图方法和步骤如下。

1. 形体分析

该形体属于挖切类组合体，其形成是在长方体的基础上，用正垂面切去左上角的三棱柱后，在剩下的五棱柱中再挖去一个四棱柱形成一个侧垂通槽，最终形成图4.9所示组合体。

2. 视图选择

选择图4.9中箭头方向为主视图投射方向，并用三视图表达。

3. 定比例、选图幅

根据组合体的大小以适当比例确定图幅。

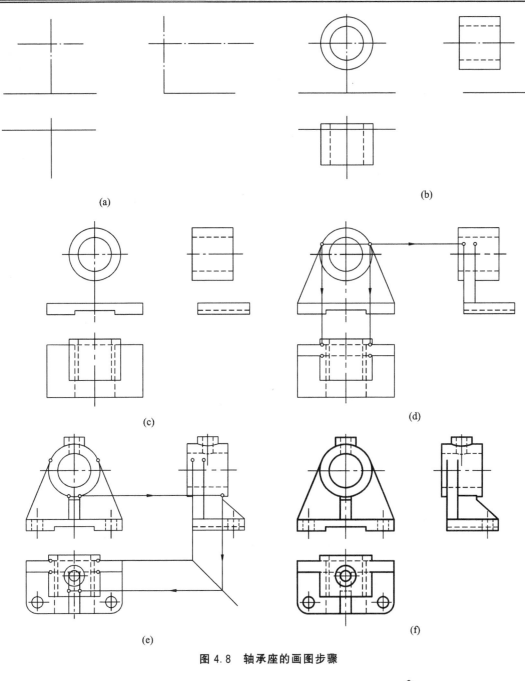

图 4.8 轴承座的画图步骤

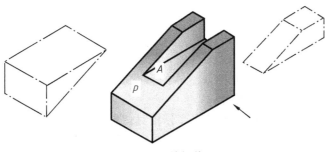

图 4.9 挖切体

4. 布置视图、画底稿

画出基准线，先画没有挖切前的完整的长方体的三视图，再画出切去左上角的三棱柱后的截交线，去掉多余的图线，如图 4.10（a）所示。在此基础上，再画出通槽。具体步骤可先画通槽的左视图，根据槽深画出槽底 A 的主视图，最后根据主视图画出槽底的俯视图及其他图线，如图 4.10（b）所示。

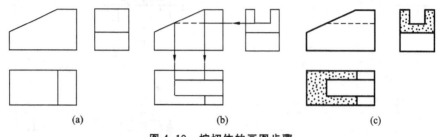

图 4.10　挖切体的画图步骤

5. 检查、描深

全面检查投影，用类似法确定左上表面的正确性，即其水平投影和侧面投影都是"凹"字形八边形，如图 4.10（c）所示。

4.3　组合体的尺寸标注

4.3.1　组合体的尺寸标注的基本要求

机件的视图只表达其结构形状，它的大小必须由视图上所标注的尺寸来确定。机件视图上的尺寸是制造、加工和检验的依据，因此标注组合体尺寸时，必须做到以下基本要求。

（1）正确。所注尺寸必须严格遵守国家标准《机械制图》中有关尺寸注法的规定。

（2）完整。所注尺寸必须能完全确定组合体的形状和大小，不得漏注尺寸，也不得重复标注。

（3）清晰。每个尺寸必须注在适当位置，以便于查找。

（4）合理。所注尺寸既能保证设计要求，又使加工、装配、测量方便。

第（4）条是指尺寸标注要满足机件的设计要求和制造工艺要求，这将在"零件图"中作介绍。本节着重讨论如何使尺寸标注齐全和清晰的问题。

4.3.2　组合体的尺寸分析

1. 组合体尺寸的分类

组合体的尺寸可以根据其作用分为 3 类：定形尺寸、定位尺寸和总体尺寸。

（1）定形尺寸：确定组合体中各基本体的形状和大小的尺寸。如图 4.11（b）中 $R14$、$2\times\phi10$、$\phi16$ 等尺寸均属于定形尺寸。

（2）定位尺寸：确定组合体中各组成部分相对位置的尺寸。基本体的定位尺寸最多有 3 个，若基本体在某方向上处于叠加、平齐、对称、同轴之一者，则应省略该方向上的一

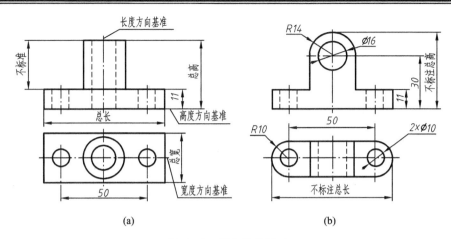

图 4.11 组合体的尺寸

个定位尺寸。图 4.11(a)中,圆筒长度和宽度方向的定位尺寸均省略。

(3) 总体尺寸:确定组合体外形的总长、总宽和总高的尺寸。若定形、定位尺寸已标注完整,在加注总体尺寸时,应对相关的尺寸作适当调整,避免出现封闭尺寸。如图 4.11(a)所示,删除小圆柱的高度尺寸,标注总高。另外,当组合体的一端为有同心孔的回转体时,该方向上一般不注总体尺寸,如图 4.11(b)所示。

2. 常见的基本体和组合体标注(图 4.12,图 4.13,图 4.14,图 4.15)

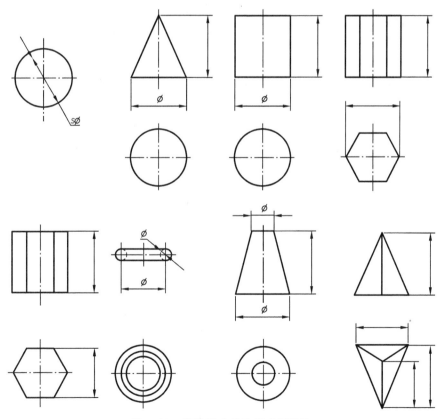

图 4.12 常见基本体的尺寸标注法

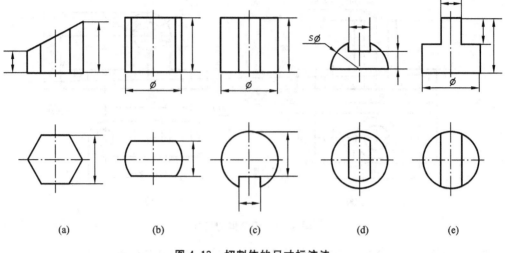

图 4.13 切割体的尺寸标注法

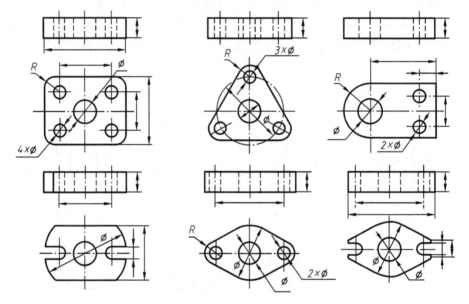

图 4.14 常见平板的尺寸标注法

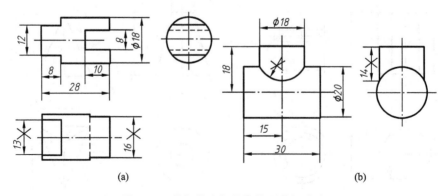

图 4.15 挖切体和相贯体的尺寸标注法

3. 尺寸的清晰布置

标注尺寸除了要求正确、完整以外，为了便于看图，还要求所注尺寸清晰。为此，必须注意以下几点。

（1）尺寸应尽量标注在视图外面，与两个视图有关的尺寸最好布置在两个视图之间。

（2）定形、定位尺寸尽量标注在反映形状和位置特征的视图上。如图 4.16 所示，底板和耳板的高度 20，标注在主视图上比标注在左视图上要好；表示底板、耳板直径和半径的尺寸 $R22$、$\phi22$、$R16$、$\phi18$，标注在俯视图上比标注在主、左视图上更能表示形状特征；在左视图上标注尺寸 48 和 28，比标注在主、俯视图上能明显反映位置特征。

（3）同一基本形体的定形、定位尺寸应尽量集中标注。如图 4.16 所示，主视图上的定位尺寸 56、52、80，左视图上的定位尺寸 48、28，俯视图上的定形尺寸 $R22$、$\phi22$、$R16$、$\phi18$、$\phi40$ 等就相对集中。

（4）直径尺寸尽量标注在投影为非圆的视图上。如图 4.16 所示，$\phi44$ 和 $\phi24$ 就标注在左视图上。而圆弧的半径则应标注在投影为圆的视图上，如 $R22$ 和 $R16$。

（5）尺寸尽量不标注在虚线上。但为了布局需要和尺寸清晰，有时也可标注在虚线上，如图 4.30 所示左视图上的 $\phi24$。

（6）尺寸线、尺寸界线与轮廓线尽量不要相交。同方向的并联尺寸，应使小尺寸注在里边（靠近视图），大尺寸注在外边。同方向的串联尺寸，箭头应互相对齐并排列在一条线上。

以上各点，并非标注尺寸的固定模式，在实际标注尺寸时，有时会出现不能完全兼顾的情况，应在保证尺寸标注正确、完整、清晰的基础上，根据尺寸布置的需要灵活运用和进行适当的调整，如图 4.16 所示，主视图上的 56、左视图上的 $\phi24$、28、48、俯视图上的 $\phi40$ 等尺寸，均为调整后重新标注的尺寸。

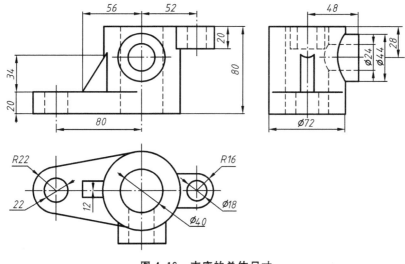

图 4.16 支座的总体尺寸

4.3.3 组合体尺寸标注的方法和步骤

以轴承座为例说明组合体尺寸标注的方法和步骤。

【例 4.1】 标注图 4.17 所示轴承座的尺寸。

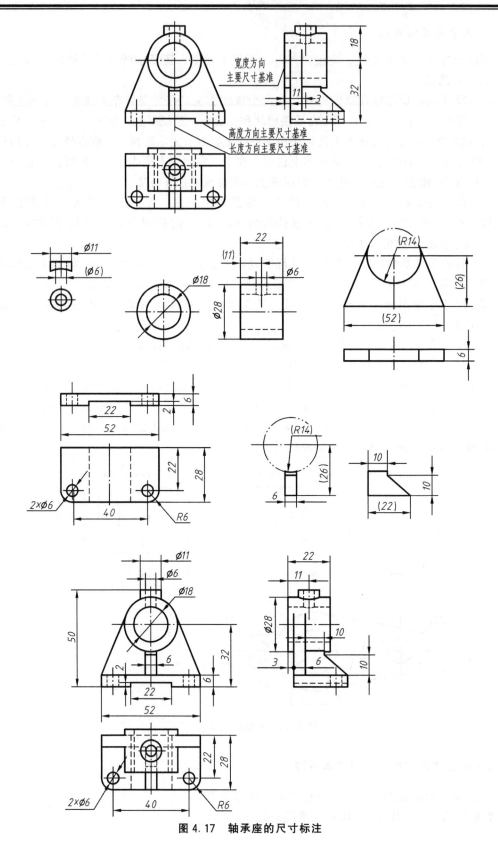

图 4.17 轴承座的尺寸标注

尺寸标注步骤如下。

(1) 形体分析。分析组合体的组合形式、组成部分及各部分之间的位置关系。前面已分析过,这里不再重复。

(2) 选择尺寸基准。如图4.17(a)所示,以轴承座的底面作为高度方向的主要尺寸基准,竖板的后表面为宽度方向的主要尺寸基准,左右对称面为长度方向的主要尺寸基准。

(3) 标注定形、定位尺寸。逐个标注各组成部分的定形、定位尺寸。图4.17(a)注出各个部分之间的定位尺寸15、55、80、160。图4.17(b)注出圆筒的定形尺寸。图4.17(c)注出底版的定形及定位尺寸。图4.17(d)注出竖板的定形尺寸。图4.17(e)注出肋板的定形尺寸。

(4) 调整标注总体尺寸。虽然在形体分析时,可把组合体假想分成几个部分,但是它仍然是一个整体。所以,要标注组合体外形和所占空间的总体尺寸,即总长、总宽、总高。在标注时应注意调整,避免出现多余尺寸。如图4.17(f)中的总长260和总高240,而总宽由140+15决定。总长260及总宽140+15和已有的尺寸重合,不必再标注;而总高240标注出后,要将定位尺寸80去掉,因为它的大小可以由总高240和160相减得到,若再标注则为重复标注,在高度方向将出现封闭尺寸链,这种情况是不允许的。

4.4 读组合体视图

画图是把由基本体组成的组合体用正投影法表示为其各面投影图(如三视图);而读图则是根据已画出的视图,运用投影规律和一定的分析方法(常用的是形体分析法和线面分析法),想象出组合体的立体形状。

组合体读图是画图的逆过程,是一种从平面图形,通过思维、构思、在想象中还原成空间物体的过程。读图时,必须应用投影规律,分析视图中每一条线、每一个线框所代表的含义,再经过综合、判断、推论等空间思维活动,从而想象出各部分的形状、相对位置和组合方式,直至最后形成清晰而正确的整体形象。读图和画图是同等重要的,掌握好读图方法并能熟练运用,是工程技术人员必备的基本能力。

要做到快速熟练地读懂组合体视图,首先需要掌握一定的有关读图的基本知识,学习读图的基本方法与步骤,通过大量的读图练习,来提高读图的速度和准确度。

4.4.1 读图的基本方法

1. 形体分析法

形体分析法读组合体的视图就是把比较复杂的视图,按照某一视图中的线框设想将形体划分成几个部分,然后逐一分析各部分的形状和相对位置,再综合起来,想象出它的整体形状。

另外,用形体分析法读图时,要善于抓住主要矛盾——形状特征和位置特征。

由于组合体各组成部分的形状和位置并不一定集中在某一个方向上,因此反映各部分形状特征和位置特征的投影也不会集中在某一个视图上。读图时必须善于找出反映特征的投影,从这些有形状特征的线框看起,再联系其相应投影,这样,就便于想象其形状与位置。

2. 线面分析法

用线面分析法读组合体的视图,就是运用点、线、面的投影特征,分析视图中每一条线或线框所代表的含义和空间位置,从而想出整个组合体的形状。

(1) 视图中的线(粗实线或虚线)可能有 3 种含义。

① 可能是形体上面与面交线(包括棱线)的投影。

② 可能是圆柱面、圆锥面等外形素线的投影。

③ 可能是形体上一表面(平面或曲面)的积聚投影。

究竟属于哪一种情况,必须把几个视图联系起来才能识别。如果是一表面的积聚投影,那么另外两面投影中至少有一个投影为线框。

(2) 视图中每一封闭线框,一般情况下有这样 3 种含义。

① 可能是形体上一个面(平面或曲面)的投影。

② 可能是两个或两个以上表面光滑连接而成的复合面的投影。

③ 可能是形体上空心结构的投影。

(3) 视图中两个相邻的封闭线框可能是形体上两个相交的面。或者是两个不平齐的面,此时两相邻线框的公共边,一般是第三表面的积聚投影。而处于线框包围中的线框则可能表示凸起的面或凹下去的面,也可能表示是空心结构(通孔)。

形体分析法和线面分析法是读图的基本方法,它们之间既有联系又有区别。线面分析法一般用来分析视图中难于看懂的部分。

4.4.2 读图的基本知识

1. 视图中图线、线框的投影含义

组合体三视图中的线型主要有粗实线、细实线、虚线和点画线。读图时应根据投影规律,正确分析每条图线、每个线框的含义,如图 4.18 和图 4.19 所示。

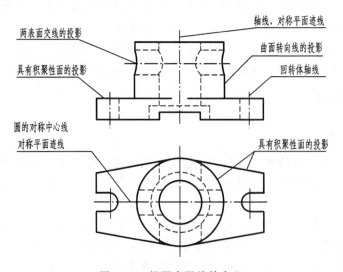

图 4.18 视图中图线的含义

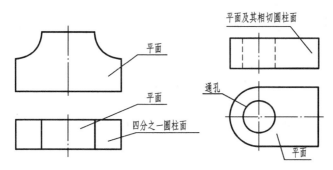

图 4.19 视图中线框的含义

(1) 视图中的粗实线、细虚线(包括直线和曲线),可以表示:①两表面交线的投影,如图 4.18 主视图中的相贯线;②曲面转向线的投影,如图 4.18 主视图中圆筒的轮廓线;③平面或曲面的积聚性投影,如图 4.18 俯视图中圆柱面的投影。

(2) 视图中的点画线可以表示:①对称平面迹线的投影,如图 4.18 主视图;②圆的对称中心线,如图 4.18 俯视图。

(3) 视图中的封闭线框可以表示:①单一平面或曲面的投影;②平面及其相切曲面的投影;③通孔的投影,如图 4.19 所示。

2. 读图要点

1) 弄清视图中线条与线框的含义

(1) 视图中的每一条线:表示具有积聚性的面(平面或柱面)的投影,表示表面与表面(两平面、两曲面、或一平面和一曲面)交线的投影,表示曲面转向轮廓线在某方向上的投影,如图 4.20(a)所示的线条 a、b、c。

(2) 视图中的封闭线框:表示凹坑或通孔积聚的投影,一个面(平面或曲面)的投影,表示曲面及其相切的组合面(平面或曲面)的投影,如图 4.20(a)所示的 d、e、f 所示。

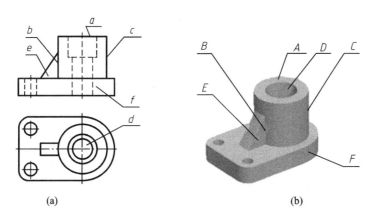

图 4.20 视图中图线和线框的含义

(3) 视图中相邻封闭线框:表示不共面、不相切的两不同位置的表面,如图 4.21(a)、(b)所示;线框里有另一线框,可以表示凸起或凹下的表面,如图 4.21(c)所示。线框边上有开口线框和闭口线框,分别表示通槽和不通槽,如图 4.21(d)、(e)所示。

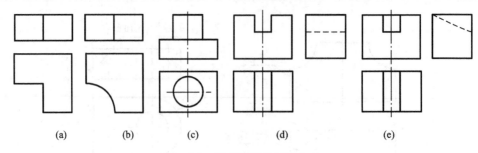

图 4.21 相邻封闭线框的含义

2）要把几个视图联系起来进行分析

在一般情况下，一个视图不能完全确定组合体的形状，如图 4.22(a)、(b)所示的两组视图中，主视图相同，但两组视图表达组合体却完全不相同；有时，两个视图也不能完全确定组合体的形状，如图 4.22(c)、(d)所示的两组三视图中，俯、左视图相同，两组三视图表达的组合体形状也不相同。由此可见，表达组合体必须要有反映形状特征的视图，看图时，要把几个视图联系起来进行分析，才能想象出组合体的形状。

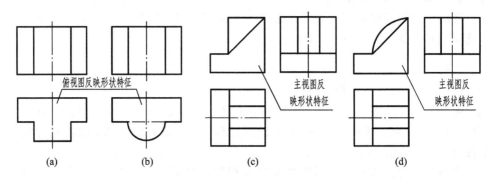

图 4.22 几个视图联系起来进行分析

3）从最能反映组合体形状和位置特征的视图看起

如图 4.23(a)、(b)所示的两组三视图中，主、俯视图完全相同，与左视图结合起来才能反映形体。因为主视图反映主要形状特征，看图时应先看主视图；因为左视图最能反映位置特征，看图时应先看左视图。

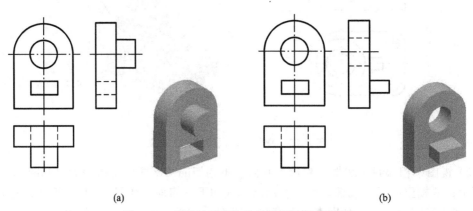

图 4.23 从反映形状和位置特征的视图看起

主视图是反映组合体整体的主要形状和位置特征的视图。但组合体的各组成部分的形状和位置特征不一定全部集中在主视图上。如图 4.24 所示的支架，由 3 个基本体叠加而成，主视图反映了该组合体的形状特征，同时，也反映了形体Ⅰ的形状特征；俯视图主要反映形体Ⅱ的形状特征；左视图主要反映形体Ⅲ的形状特征。看图时，应当抓住有形状和位置特征的视图，如分析形体Ⅰ时，应从主视图看起；分析形体Ⅱ时，应从俯视图看起；分析形体Ⅲ时，应从左视图看起。

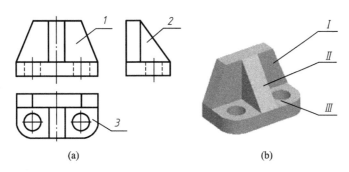

图 4.24　从反映形状特征的视图看起

看图时要善于抓住反映组合体各组成部分形状与位置特征较多的视图，并从它入手，就能较快地将其分解成若干个基本体，再根据投影关系，找到各基本体所对应的其他视图，并经分析、判断后，想象出组合体各基本体的形状，最后达到看懂组合体视图的目的。

4.4.3　读组合体视图步骤

组合体的读图一般采用形体分析法。根据三视图的投影规律，从图中逐个分离出基本形体，再确定它们的组合形式和相互位置关系，综合想象出组合体的整体形状。但是，对于一些局部的复杂投影或较复杂的挖切体，还要利用线面分析法来分析构思。

读组合体的视图时，一般按以下步骤进行。

1. 初步了解

根据组合体的视图和尺寸，初步了解组合体的大概形状和大小，根据各视图的线框，用形体分析法初步分析它由几个部分组成，各部分之间的组合方式，以及形体是否对称等。

2. 投影分析

通常从主视图入手，根据视图中的线框，适当地把它划分成几个部分，然后进一步分析各部分的形状和位置。

3. 综合想象

通过投影分析(形体分析和线面分析)在逐个看懂各组成部分形状的基础上，综合起来想出整个组合体的形状。对于比较复杂的视图，一般需要反复地分析、综合、判断和想象，才能将其读懂并想出组合体的形状。

【例 4.2】　图 4.25(a)所示为组合体(轴承座)的三视图，想象出该组合体的空间形状。

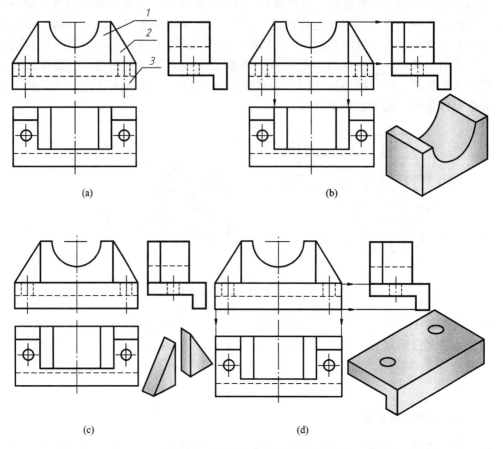

图 4.25 轴承座的读图方法与步骤

(1) 分线框、对投影。

如图 4.25(a)所示,从主视图入手,将其分解为 3 个封闭的线框,每个线框作为一个形体,由图示分别标记为 1、2、3。由形体 1 开始,根据三视图的投影规律找到它们在俯、左视图上的对应投影,如图 4.25(b)、(c)、(d)所示。

(2) 想形状、定细节。

对于每一个组成部分 1、2、3,通过三视图的分析,首先确定它们的大体形状;再分析其细节结构。由图 4.25(b)可以看出,形体 1 是在长方体的基础上由上方挖去半圆槽而得到的。由图 4.25(c)可以看出,形体 2 是一个三角形肋。由图 4.25(d)可以看出,形体 3 是在长方体的基础上由后下方挖去一个等长的小长方体,而得到的一个带弯边的底板,而且在上面有两个孔。

(3) 定位置、想整体。

在读懂每个组成部分的形状的基础上,再根据已给的三视图,利用投影关系判断它们的相互位置关系,逐渐形成一个整体形状。由三视图可以看出,开槽方块 1 在底板 3 的上方,位置是左右置中,后表面平齐;肋 2 在方块 1 的两侧,与 1、3 后表面平齐。底板 3 的弯边可以由左视图清楚地看到。这样结合起来,就能想象出组合体的空间形状,如图 4.26 所示。

第4章 组合体

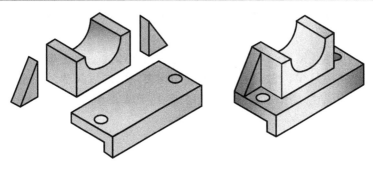

图 4.26 轴承座的整体形状

【例 4.3】 图 4.27(a)所示为压块的三视图,想象出它的空间形状。

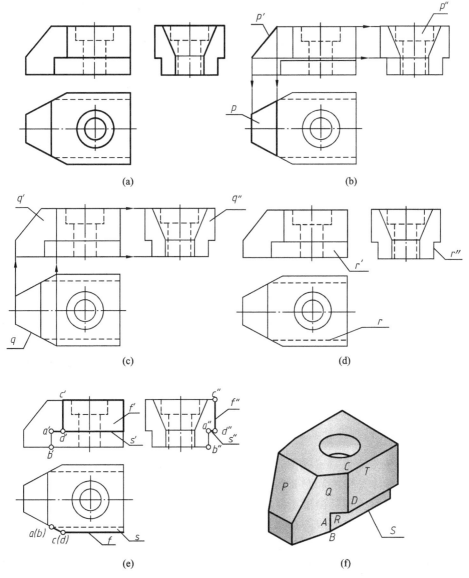

图 4.27 压块的读图方法与步骤

从图 4.27(a) 压块的三视图可知，它的三面投影都接近矩形，由此得知它是由长方体切割而成的。

由主视图联系其他视图可知，压块的形成是由长方体被一个正垂面切去左上角；然后由俯视图联系其他视图可知，它又被两个铅垂面切去左侧前后对称的缺角；再由左视图联系其他视图可知，它又由水平面和铅垂面切去前后下方的缺角。具体的分析方法与步骤如下。

1. 分线框，确定面的形状

从主视图开始，结合其他视图，根据投影规律，逐步分析各个线框 P、Q、R、S 的 3 个投影，从而得到它所表示的面的形状和空间位置。

(1) 先看压块左上方的缺角。如图 4.27(b) 所示，主视图上的斜线 p' 对应于俯视图上的等腰梯形线框 p，对应于左视图上的类似梯形线框 p''，可断定 P 平面为正垂面。

(2) 再看压块左方前后对称的缺角。如图 4.27(c) 所示，前方缺角在俯视图上是一条斜直线 q，对应于主视图上的七边形线框 q'，对应于左视图上的类似七边形线框 q''，可断定此平面 Q 为铅垂面。

(3) 继续看压块前下方的缺块。如图 4.27(d) 所示，由左视图上的直线 r'' 向主视图找到同高的对应小矩形线框 r'，再根据其长度可找到俯视图中对应直虚线 r，可断定 R 平面为一正平面的切面。

(4) 由俯视图中的四边形线框 s，和主、左视图各为一特殊方向的直线 s' 和 s'' 的对应关系，可断定 S 为水平面，如图 4.27(e) 所示。

(5) 依次划框对投影，即可将体上各面的形状和空间位置分析清楚。如 T 面是正平面，它与正平面 R 前后错开，中间以水平面 S 相连。

2. 识交线，想出整体形状

直线 AB 是铅垂面 Q 与正平面 R 的交线，必定是铅垂线；直线 AD 是铅垂面 Q 与水平面 S 的交线，必定是水平线；直线 CD 是铅垂面 Q 与正平面 T 的交线，也必定是铅垂线。从视图上可以找到上述对应关系，如图 4.27(e) 所示。

将线、面的分析综合起来，就可以想象出压块的整体形状，如图 4.27(f) 所示。

综上所述，形体分析法多用于堆叠和综合类的组合体；线面分析法多用于挖切类的组合体。看图时，通常是形体分析法与线面分析法配合使用。对于形状比较复杂的组合体，可用形体分析法分离形体，分析位置关系；再用线面分析法分析各个形体的具体形状和细节，两者紧密配合，最终达到读懂图形的目的。

4.4.4 已知组合体的两视图补画第三视图

已知组合体两视图补画第三视图，是看图和画图的综合训练，一般的方法和步骤为：根据已知视图，用形体分析法和必要的线面分析法分析想象组合体的形状，在弄清组合体形状的基础上，按投影关系补画出所缺的视图。

补画视图时，应根据各组成部分逐步进行。对叠加型组合体，先画局部后画整体。对切割型组合体，先画整体后切割。并按先实后虚，先外后内的顺序进行。

【例 4.4】 图 4.28(a) 所示为一支座的主、俯视图，想象出支座的整体形状，并补画它的左视图。

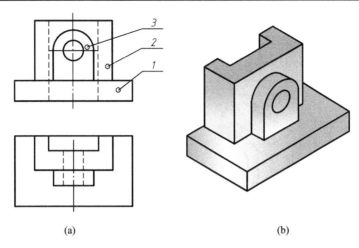

图 4.28 支架的形体分析

(1) 读懂支座的主、俯视图，想象出支座的整体形状。

如图 4.28 (a)所示，由主视图入手，结合其俯视图，将支座分为 3 个部分，在主视图中用 1、2、3 标出。先分析每一部分的大概形状和各部分之间的相对位置关系。线框 1 和 2 均为矩形，对应的其他投影也为矩形，可断定形体 1 和 2 都是长方体。而且，通过主视图可以看出，形体 2 在形体 1 的上方，左右置中；再结合俯视图，可以看出形体 2 与形体 1 的后表面平齐。线框 3 对应于俯视图中的投影为一小矩形，可以判断出它是一块半圆形搭子。经过进一步判断可以得知，形体 3 在形体 1 的上方，而且在形体 2 的正前方，左右置中。最后，分析各部分的细节。形体 1 和 2 叠加后，在后方正中位置开一通槽；形体 2 和 3 叠加后钻一通孔。到此为止，支架的整体形状就已形成，如图 4.28 (b)所示。

(2) 在上一步分析的基础上，逐个补画出各个组成部分的左视图。

补图时，也如看图的顺序，即先画出各个部分的大概轮廓，再画细节部分的投影。具体步骤为：画出形体 1(长方体)，如图 4.29 (a)所示；根据相互位置关系，画出形体 2(长方体)，如图 4.29 (b)所示；画出形体 3，如图 4.29 (c)所示；画出细节(槽和孔)，如图 4.29(d)所示；检查描深。

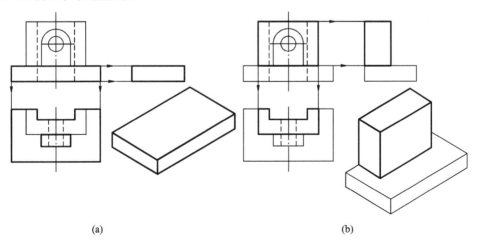

图 4.29 补画支架左视图

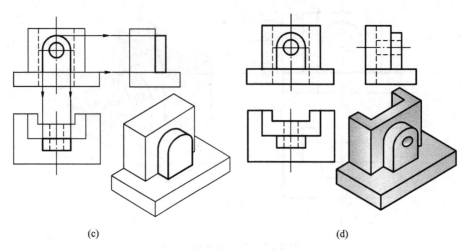

图 4.29 补画支架左视图(续)

第 5 章
机件常用的表达方法

零件、部件和机器总称为机件。在生产实际中，由于机件的形状和结构多种多样，并且有的机件内、外形状和结构很复杂，通过组合体的三面投影图无法将它们清楚地表达出来。为了完整、清晰地表达机件的内外结构形状，国家标准技术制图和机械制图规定了图样的画法，主要包括视图（GB/T 17451—1998，GB/T 4458.1—2002）、剖视图（GB/T 17452—1998，GB/T 4458.1—2002）、断面图（GB/T 17451—1998）、局部放大图和简化画法（GB/T 16675.1—1996，GB/T 4458.1—2002）等。在机件工程图样的绘制中，综合运用这些表达方法，可将机件正确、完整、清晰地表达出来。

要求学生掌握各种视图、剖视图和断面图的概念、适用情况、画法及其配置和标记，掌握各种规定画法和简化画法的适用情况及其画法等；能较熟练运用上述各种表达方法，将机件内外结构形状表达出来。

5.1 视　　图

视图是机器零件在多面投影体系中向投影面进行正投影所得到的图形，主要用来表达机件的外部形状。在视图中一般只画机件的可见部分，必要时才用虚线表达其不可见部分。

视图包括：基本视图、向视图、局部视图和斜视图。

5.1.1 基本视图

将物体放在一个六面体中，将其向六面体的 6 个面投影，可得到 6 个视图。国家标准规定采用正六面体的6个面作为基本投影面,机件向基本投影面投影所得到的视图称为基本视图,如图5.1所示。6个基本视图的名称及其投影方向分别如下。

主视图——由前向后投影所得的视图(对应于正面投影)。
俯视图——由上向下投影所得的视图(对应于水平投影)。
左视图——由左向右投影所得的视图(对应于侧面投影)。
右视图——由右向左投影所得的视图(与左视图投影方向相反)。
仰视图——由下向上投影所得的视图(与俯视图投影方向相反)。
后视图——由后向前投影所得的视图(与主视图投影方向相反)。

6个基本视图之间仍应符合"长对正、高平齐、宽相等"的投影规律。除后视图外,各视图靠近主视图里侧,均反映机件的后面,而远离主视图的外侧,均反映机件的前面。

6个基本投影面的展开方法如图5.1所示,展开后得到6个基本视图的配置如图5.2所示。

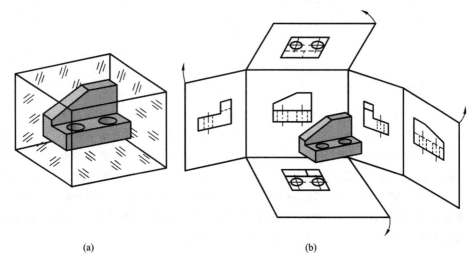

图5.1 6个基本视图的形成

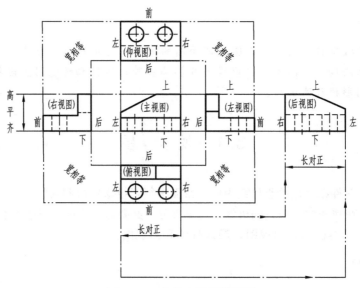

图5.2 6个基本视图的配置

实际绘图时，在表达完整、清晰，并考虑到看图方便的前提下，可根据零件外部结构形状的复杂程度选用必要的基本视图，且优先选用主、俯、左视图。

5.1.2 向视图

向视图是可以根据需要自由配置的视图，可配置在图纸的任意位置，但这时应标注出向视图的投射方向和名称。标注时，在向视图的正上方用大写英文字母水平标注出视图的名称，并在相应的视图附近用箭头指明获得该向视图的投影方向，标注上相同的字母，如图5.3所示的 A、B、C 3个向视图。

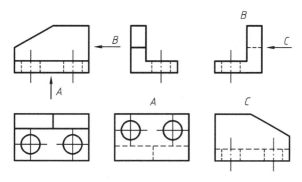

图 5.3 向视图的标注

在选择视图表达方案时，注意以表达完整、清晰为前提，优先选择基本视图的配置。

5.1.3 局部视图

将机件的某一部分向基本投影面投射所得的视图称为局部视图。当机件主要形状已在基本视图中表达清楚，但在某个方向有部分形状需要表达又没有必要画出该方向整个视图时，可以只画出该方向上的基本视图的一部分，即局部剖视图。如图5.4所示，在采用主

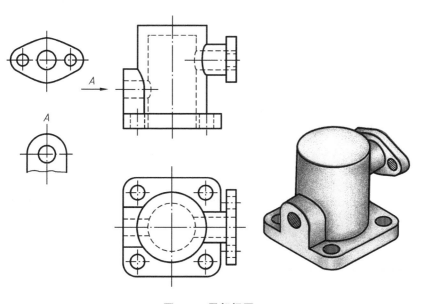

图 5.4 局部视图

视图和俯视图后,该机件已基本表达清楚。为更清楚表达机件左侧的凸台和右侧的法兰盘,没必要采用左视图和右视图,只需绘制出机件上这两个结构所处位置的局部视图即可。

局部视图的范围(断裂)边界用波浪线表示。当所表达的局部结构是完整的,且外轮廓线又成封闭时,波浪线可省略不画,如图 5.4 所示的局部右视图。

画局部视图时,一般应标注,其方法与向视图相同。局部视图常画在所反映局部视图的附近,如图 5.4 所示的 A 向局部视图;当局部视图按投影关系配置,中间又没有其他视图隔开时,可省略标注,如图 5.4 所示的机件右侧法兰盘端面的局部视图。

5.1.4 斜视图

机件向不平行于任何基本投影面的平面投射所得视图称为斜视图。

斜视图主要用于表达机件上倾斜结构的实形。如图 5.5(a)所示,选用一个平行于该倾斜结构且垂直于某一基本投影面的平面作为新投影面,使倾斜部分在新投影面上的投影反映真实形状,然后将新投影面旋转到基本投影面重合。

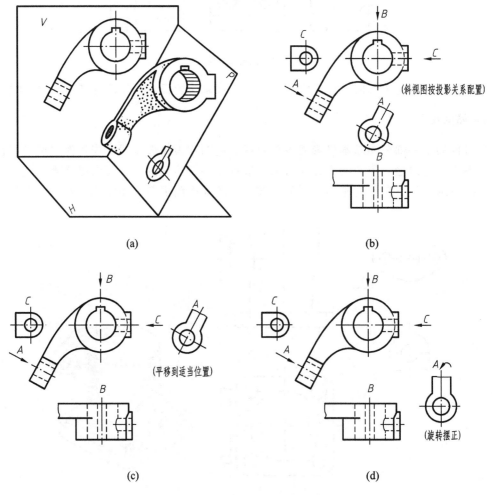

图 5.5 斜视图的形成及配置

斜视图通常只用于表达机件倾斜部分的实形,其余部分不必全部画出,而用波浪线断开。

斜视图必须标注,其标注方法与向视图相同,注意字母一律水平书写。斜视图一般按投影关系配置,如图5.5(b)所示,必要时也可平移到适当的位置,如图5.5(c)所示。为了便于画图,还允许将图形旋转摆正画出,此时斜视图名称后面要标注旋转符号,旋转符号的箭头指向旋转摆正的方向,并且字母应写在靠近旋转符号的箭头一端,如图5.5(d)所示。

5.2 剖 视 图

在用视图表达机件时,机件的内部结构和不可见轮廓线都用虚线来表示。当机件的内部结构比较复杂时,在视图中就会出现较多的虚线,不仅影响了表达的清晰度,而且给尺寸等标注各种工作带来不便。因此,国家标准《技术制图》规定采用剖视图的方法来表达机件的内部结构。

5.2.1 剖视图的概念

假想用剖切平面剖开机件,将处在观察者与剖切平面之间的部分移去,而将剩余部分的可见轮廓线向投影面投影所得到的视图称为剖视图,如图5.6所示。

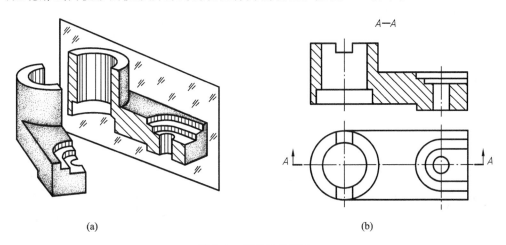

(a) (b)

图 5.6 剖视图的概念

5.2.2 剖视图的画法

当剖切面将机件剖开后,将剩下部分用正投影法向基本投影面投影,凡可见轮廓线全部画出,不可见的轮廓线一般不画。

当剖切面剖切机件时,剖切面切到机件上的材料部分称为剖面区域。国家标准GB/T 17452—1998规定在剖面区域画出剖面符号。金属材料的剖面符号称为剖面线,画成与水平线成45°的等距细实线,向左或向右倾斜均可,如图5.6(b)所示。其他材料的剖面符号见表5-1。

表 5-1 剖面符号

材料名称	剖面符号	材料名称	剖面符号
金属材料（已有规定剖面符号者除外）		非金属材料（已有规定剖面符号者除外）	
线圈绕组元件		玻璃及供观察用的其他透明材料	
转子、电枢、变压器和电抗器等的叠钢片		液体	
型砂、填砂、粉末冶金、砂轮、陶瓷刀片、硬质合金刀片等		砖	

画剖视图时应注意以下几点。

（1）剖切平面一般应通过零件的对称面或内部孔、槽等结构的轴心线，且平行（或垂直）于某一投影面，以便反映结构的实形，避免出现不完整要素，如图 5.6(a)所示。

（2）由于剖切面是假想的，因此，当机件的某一个视图画成剖视图后，其他视图仍应完整地画出，如图 5.6(b)所示的俯视图。剖切平面后面的可见轮廓线的投影应全部画出，不能遗漏，如图 5.7 所示。

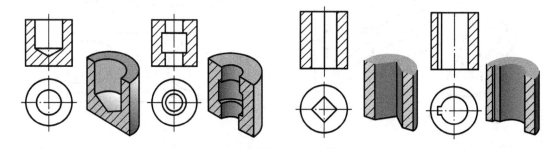

图 5.7 剖切平面后面的可见轮廓线全部画出

（3）在视图与剖视图中的不可见轮廓线（虚线），在其他视图中已表达清楚时一般应省略，如图 5.8 所示。只有当不足以表达清楚机件某部分结构时，才画出必要的虚线，如图 5.9 所示。

（4）同一零件在各剖视图中的剖面线方向和间隔应保持一致，如图 5.9 中的主、左视图所示。

（5）当剖视图中的主要轮廓线与水平线成 45°时，则该图的剖面线应画成与水平线成 30°或 60°的细实线，如图 5.10 所示。

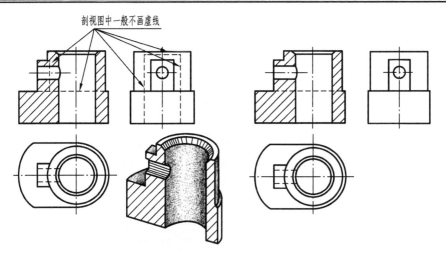

图 5.8　剖视图中的不可见轮廓线一般不画

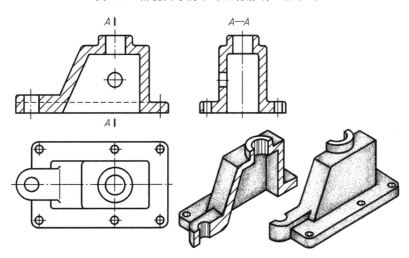

图 5.9　剖视图中必要的虚线

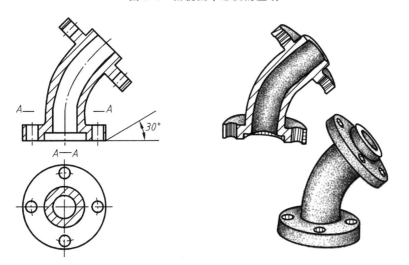

图 5.10　主要轮廓线成 45°时的剖面线

5.2.3 剖视图的标注

剖视图的标注包括剖切平面的位置、投射方向和剖视图的名称。

画剖视图时,一般应在剖视图的上方用大写英文字母标注出视图的名称"×—×",在相应的视图上用剖切符号标注剖切位置,剖切符号是线宽约 $1\sim1.5b$,长约 $5\sim10\mathrm{mm}$ 的粗实线。剖切符号不得与图形的轮廓线相交,在它的起、讫和转折处标注相同的大写字母,字母一律水平书写。在剖切符号的外侧画出与其垂直的细实线和箭头表示投影方向。

在某些情况下可省略箭头或全部标注。

(1) 省略箭头:当剖视图按投影关系配置,中间又无其他图形隔开时,可省略箭头。如图 5.7 所示机件的主视图。

(2) 省略全部标注:当单一的剖切平面通过机件的对称平面或基本对称平面,且剖视图按投影关系配置,中间又没有其他图形隔开时,可省略全部标注,如图 5.8、图 5.9 所示机件的主视图。

5.2.4 剖视图的种类

按剖切面剖开机件的范围,剖视图分为:全剖视图、半剖视图和局部剖视图 3 种。

1. 全剖视图

用剖切平面完全地剖开机件所得到的视图,称为全剖视图。全剖视图主要用于表达外形简单、内形复杂的机件。图 5.6~5.9 所示的剖视图均为全剖视图。全剖视图的标注方法按前述规定的方法标注。

2. 半剖视图

当机件具有对称平面时,在垂直于对称平面的投影面上投影所得到的图形,允许以对称中心线为界,一半画成剖视图,另一半画成视图,这种合成的图形称为半剖视图。如图 5.11 所示的主视图和俯视图。

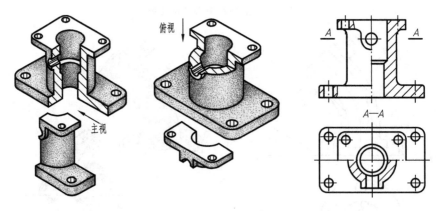

图 5.11 半剖视图

半剖视图常用于需要在同一投影方向同时表达机件内、外部结构形状的情况。采用半剖视时,要求机件在选定的投影方向上必须是图形对称或基本对称。画图时,以对称中心线为界,将表达机件外部形状的半个外形视图与表达机件内部结构的半个剖视图组合为一个视图。这样,利用人们视觉上的对称性,根据一半的形状就能想象出另一半的结构形状。即同一个投影方向上"看到"了两个视图,如图 5.12 所示。

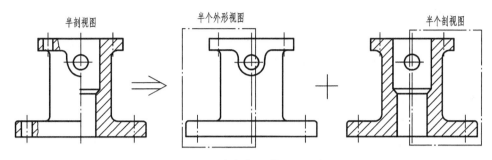

图 5.12 半剖视图的图形组合

画半剖视图时应注意以下几点。

(1) 半个视图和半个剖视图之间必须以点画线为分界线,而不能画成粗实线或其他线型。如在图 5.13(a)中,将半个视图和半个剖视图的分界线画成粗实线是错误的。

(2) 机件的内部结构由半个剖视图来表达,其外部形状则由半个视图来表达。因此,当半个剖视图已表达清楚的内部结构,在外形图中不必再用虚线表达。如图 5.13(a)中主视图中的虚线都应删去。

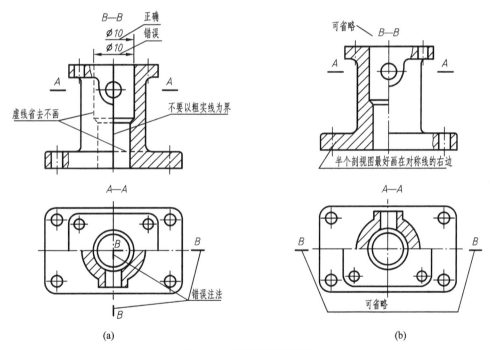

图 5.13 半剖视图的画法

(3) 剖视部分一般习惯画在视图中对称中心线的右边或上边。如图 5.13(b)中剖视部分的配置就不合适。

半剖视图的标注方法按全剖视图规定的方法标注,如图 5.11 所示。正确的标注如图 5.13(b)中的主、俯视图。其中,由于 B—B 剖切平面通过机件的对称面,相应的剖视图按投影关系配置,相关主、俯视图之间又没有其他视图隔开,故对主视图的标注可省略。

3. 局部剖视图

用剖切平面局部地剖开机件所得的剖视图称局部剖视图,如图5.14所示。局部剖视图也是一种组合图形,它是由一部分外形视图和一部分剖视图组合而成的。两部分图形的分界线是波浪线。

局部剖视图适用于下列情况。

(1) 机件的内外形状都需表达,而图形又不对称时,如图5.14机件的主视图。

(2) 机件的内部结构仅有个别部分需要表达时,如图5.11主视图中底板上的小孔、图5.14中的俯视图。

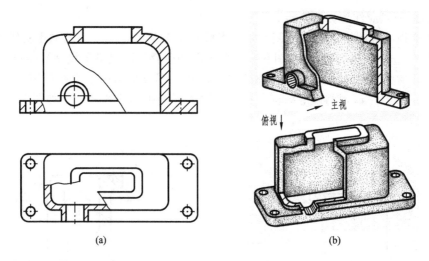

图5.14 局部剖视图的画法

(3) 对称机件的轮廓线与中心线重合、不宜采用半剖视图时,如图5.15所示。

(4) 轴、手柄等实心杆件上有小孔、凹坑等结构需要表达时,如图5.16所示。

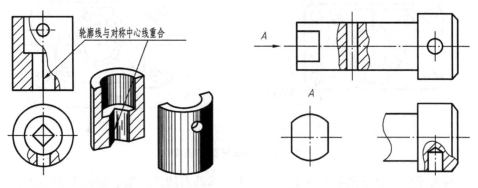

图5.15 不能画全剖或半剖之例　　　图5.16 实心杆件的局部剖视

画局部剖视图时应注意以下几点。

(1) 局部剖视图与整体之间以波浪线为界。局部剖视图中的波浪线可以视为机件上的不规则断面,故波浪线必须在机件的实体上,不能超出被切部分的实体轮廓或穿过空的区域,也不能与轮廓线重合和画在其他图线的延长线上,如图5.17所示。

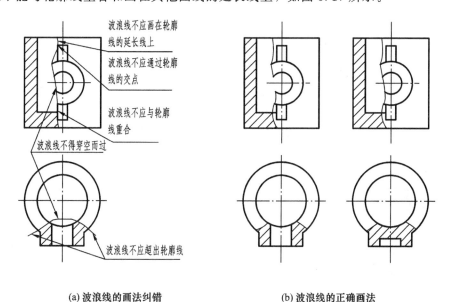

(a) 波浪线的画法纠错　　　　　　　　(b) 波浪线的正确画法

图 5.17　局部剖视图波浪线的画法

(2) 当剖切位置明确,并按投影关系配置时,局部剖视图一般不作标注。

局部剖视图是一种较为灵活的表达方法,它不受图形是否对称、剖切范围大小等条件的限制。但是,在一个视图中,局部剖切的数量不宜过多,否则,会使图形过于支离破碎而影响表达的清晰度。

5.2.5　切平面的种类与剖切方法

由于机件的形状结构千差万别,因此画剖视图时,应根据机件的结构特点,选用不同的剖切面及相应剖切方法,将机件的内外结构表达清楚。

国家标准规定了剖切面的种类有:单一剖切面、几个平行的剖切平面和几个相交的剖切平面。其中,单一的剖切面又分为平行于基本投影面和不平行于任何基本投影面的剖切面两种情况。

用这些种类的剖切面剖开机件,一般都可以画全剖视图和局部剖视图,而半剖视图只常用于平行于基本投影面的单一剖切平面的剖切方法。

1. 单一剖切面

(1) 用一个平行于基本投影面的平面剖切,前面所述的全剖视图、半剖视图和局部剖视图都是用一个平行于基本投影面的平面剖切所获得的剖视图。

(2) 用不平行于任何基本投影面的平面剖切,又称为斜剖视图,如图5.18所示。

斜剖视图常用于机件上倾斜部分的内部结构形状。例如图5.18(b)所示的 A—A 剖视图,表达了所示机件倾斜的内部结构。

斜剖视图必须进行标注,标注形式如图5.18(b)、图5.18(c)所示,注意标注时字母一律水平书写。斜剖视图一般按投影关系配置,如图5.18(b)所示,必要时也可平移到其他适当位置,如图 5.18(c)中的右上方位置。在不致引起误解时,允许将剖视图旋转,但必须加旋转符号,其箭头方向为旋转方向,如图 5.18(c)中的右下方位置。

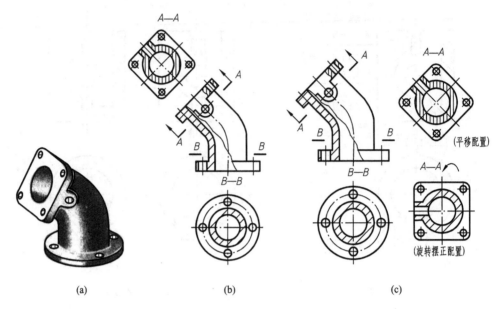

图 5.18　单一剖切面剖切(斜剖视图)

2. 几个平行的剖切面

用几个平行的平面剖切机件的方法称为阶梯剖。如图 5.19 所示的机件,被两个平行于正面的剖切面所剖开。

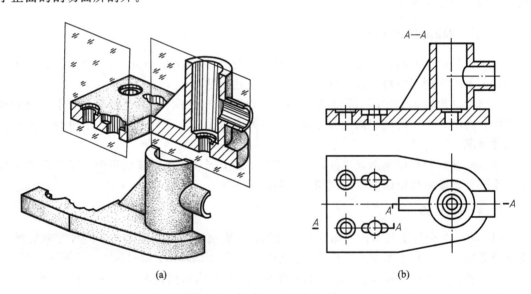

图 5.19　几个平行剖切面剖切

阶梯剖主要适用于机件上有较多的内部结构形状,而它们的轴线不在同一平面内,且按层次分布相互不重叠的情况。

采用阶梯剖视时应注意以下几点
(1) 不应画出两剖切面转折处的分界线，如图 5.20 所示。
(2) 转折处的剖切符号不应与轮廓线重合，如图 5.21 所示。

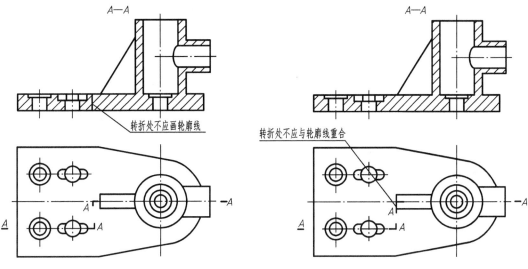

图 5.20 转折处不应画轮廓线　　　　图 5.21 转折处不应与轮廓线重合

(3) 不应出现不完整要素，如图 5.22(a)所示的阶梯剖是不正确的。只有当两个要素在图形上具有公共对称中心线或轴线时，可以各画一半，此时应以对称中心线或轴线为界，如图 5.22(b)所示。

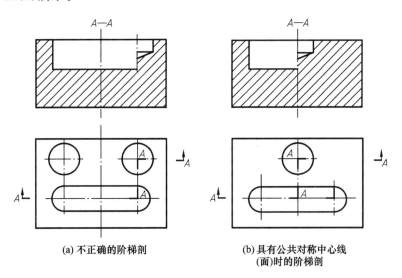

(a) 不正确的阶梯剖　　(b) 具有公共对称中心线(面)时的阶梯剖

图 5.22 不应出现不完整的要素及具有公共对称中心线的情况

阶梯剖必须标注，标注形式如图 5.19(b)所示。各剖切面相互连接而不重叠，其转折符号成直角且应对齐。当转折处位置有限，又不致引起误解时，允许只画转折符号，省略标注字母。

3. 一对相交的剖切面

当机件的内部结构形状具有倾斜结构、用一个剖切平面或多个平行的剖切平面都不能表达完全，且机件倾斜结构与主体之间又有一个公共回转轴时，可用一对相交的剖切平面对机件进行剖切，这种剖切方法称为旋转剖，如图 5.23 所示。旋转剖中采用的两剖切面的交线应垂直于某一投影面且与机件的公共回转轴线重合。

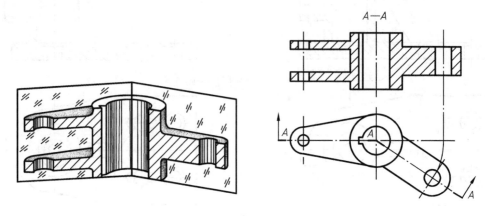

图 5.23 一对相交的剖切面

采用旋转剖应注意以下几点。

（1）将倾斜结构旋转后再投射，其他结构形状一般仍按原来的位置投射，如图 5.23 所示的俯视图。

（2）当剖切后产生不完整要素时，应将此部分按不剖切绘制，如图 5.24 所示。

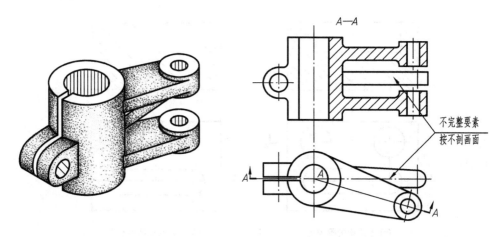

图 5.24 旋转剖切画法

用旋转剖画出的剖视图必须标注：在剖切平面的起始、转折、终止处画上带字母的剖切符号，在起始和终止处画出箭头（垂直于剖切符号）表明投影方向，并在相应的剖视图上方用英文字母注明其名称"×—×"，如图 5.24 所示。当剖视图按投影关系配置、中间又没有其他视图隔开时，可省略箭头。

4. 组合的剖切平面

用阶梯剖、旋转剖组合的剖切平面剖开机件的方法称为复合剖。复合剖常用于内部结构比较复杂，而用上述方法又不能完全表达的机件。复合剖的方法一般画成全剖视图，如图 5.25 所示。

用复合剖的方法绘制全剖视图时，零件上被倾斜的剖切平面所剖切的结构，应旋转到与选定的基本投影面平行后再进行投影。

复合剖必须进行标注，标注形式如图 5.26 所示。复合剖还可采用展开画法，即把剖切平面连同其投影依次展开到同一投影面平行面后再进行投影。复合剖采用展开画法时，剖视图上方的名称应注成"×—×展开"，如图 5.26 所示。

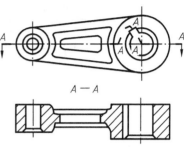

图 5.25 复合剖

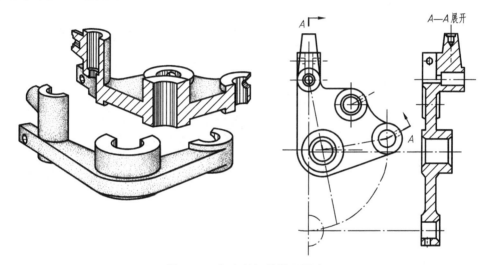

图 5.26 复合剖切的展开画法

5.3 断 面 图

断面图常用于表达机件上键槽、小孔、肋板、轮辐和型材等的断面形状。

5.3.1 断面的概念

假想用剖切面将机件的某处切断，仅画出该剖切面与机件接触部分的图形，这种图形称为断面图，简称断面，图 5.27 所示为轴的各个截断面。图 5.28 所示为轴的各截断面的断面图。

断面图与剖视图的区别在于断面图只画出机件被切处的断面形状，而剖视图不仅要画出断面形状，还要画出断面之后的所有可见轮廓线。如图 5.28 所示，$B—B$ 为断面图，而 $D—D$ 为剖视图。

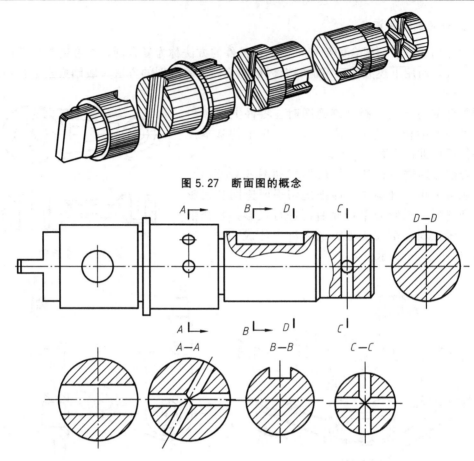

图 5.27 断面图的概念

图 5.28 轴的断面图

断面分为移出断面和重合断面两种。

5.3.2 移出断面图

1. 移出断面图概念

画在视图之外的断面,称为移出断面。

2. 移出断面的画法

移出断面的轮廓线用粗实线画出,在剖断面上画剖面符号,也可不画。

在画移出断面时应注意以下几点。

(1) 为了看图方便,移出断面应尽量画在剖切平面迹线的延长线上。在图 5.28 中最左边小孔处的断面即配置在剖切平面迹线的延长线上。

(2) 当剖切平面通过由回转面形成的孔和凹坑的轴线时,这些结构按剖视绘制,例如图 5.28 所示的 $A—A$ 和 $C—C$ 断面图等。如果按断面图的定义,绘制成的断面图则如图 5.29 所示,这种画法反而不能将轴上的这些结构表达清楚。

(3) 当剖切平面通过非圆孔,会导致出现两个完全分离的断面时,则这些结构按剖视绘制,如图 5.30 所示。

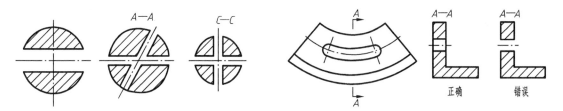

图 5.29 轴上小孔断面的错误画法　　图 5.30 通过非圆孔出现分离结构时按剖视绘制

(4) 当断面图形对称时，移出断面也可画在视图的中断处，如图 5.31 所示。

(5) 移出断面的剖切平面应垂直于所表达结构的主要轮廓线。如图 5.30 所示的剖切面垂直于圆弧的切线方向，如图 5.32 所示的两个相交的剖切面分别垂直于被剖切部分的轮廓线。在不致引起误解时，允许将图形旋转摆正，在断面的名称旁标注旋转符号。

(6) 采用两个或多个相交的剖切平面剖开机件得出的移出断面图，图形中间用波浪线断开，如图 5.32 所示。

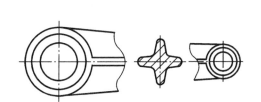
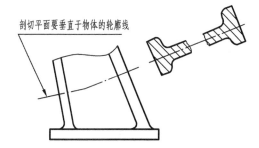

图 5.31 配置在中断处的断面图　　图 5.32 断面图的规定画法

3. 移出断面的标注

与剖视图相同，移出断面的标注包括剖切平面位置、投射方向和断面的名称。

1) 当断面图配置在剖切平面迹线的延长线上时

(1) 如果断面图对称，则不需标注，如图 5.28 所示最左端孔的断面图。

(2) 如果断面图不对称，则需标注出剖切平面的位置和投射方向，如图 5.28 所示轴的两斜孔的 A—A 断面图。

2) 当断面图没有配置在剖切平面迹线的延长线上时

(1) 如果断面图对称，则需标注出剖切平面的位置和断面图名称，如图 5.28 所示的 C—C 断面图。

(2) 如果断面图不对称，则需标注出剖切平面的位置、投射方向和断面图名称，如图 5.28 所示的 B—B 断面图。

5.3.3 重合断面图

画在被切断部分投影轮廓内的断面，称为重合断面。当视图中图线不多，将断面图画在视图内不会影响其清晰时，可采用重合断面图。如图 5.33 所示吊钩的重合断面。

重合断面的轮廓线用细实线绘制。当视图中的轮廓线与重合断面的图形重叠时,视图中的轮廓线仍应连续画出,不可间断,如图 5.34 所示。图 5.35 所示为肋板的断面图。

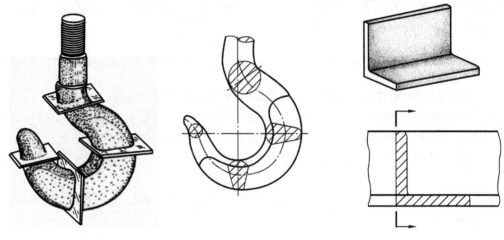

图 5.33　吊钩的重合断面图　　　　　　图 5.34　重合断面图

重合断面图的标注相当于移出断面图配置在剖切面迹线的延长线上,因此,不对称重合断面应注出剖切符号和投影方向,如图 5.34 所示,对称的重合断面可省略标注,如图 5.33、图 5.35 所示。

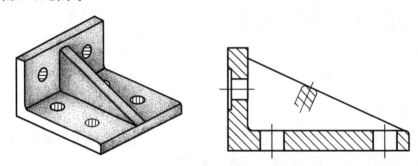

图 5.35　用重合断面表达肋板形状

5.4　规定画法和简化画法

除上面介绍的各种视图、剖视图等表达方法,国家标准中还有其他一些规定画法和简化画法。

5.4.1　局部放大图

将机件的部分结构用大于原图所采用的比例画出的图形,称为局部放大图。当机件上的某些细小结构在原图中表达得不清楚或不便于标注尺寸时,就可采用局部放大图。

局部放大图可画成视图、剖视图、断面图,它与被放大部分的表达方式无关。如

图 5.36 所示，局部放大图 Ⅰ 画成视图，局部放大图 Ⅱ 画成剖视图。

绘制局部放大图时，应用细实线圆或长圆圈出被放大的部位，并应尽量把局部放大图配置在被放大部位的附近。当同一机件上有几个被放大的部位时，必须用罗马数字依次标明被放大的部位，并在局部放大图的上方标出相应的罗马数字和所采用的比例，如图 5.36 所示。当机件上被放大的部位仅一个时，在局部放大图的上方只需注明所采用的比例。

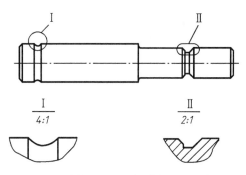

图 5.36　局部放大图

5.4.2　规定画法

1. 机件上的肋、轮辐及薄壁结构在剖视图中的规定画法

画剖视图时，为表达清楚，对于机件上的肋、轮辐及薄壁等，如按纵向剖切，规定这些结构均不画剖面符号，并用粗实线将它与其他结构分开；如横向剖切，仍应画出剖面符号，如图 5.37 所示。同理，图 5.38 所示的轮辐也不画剖面符号。

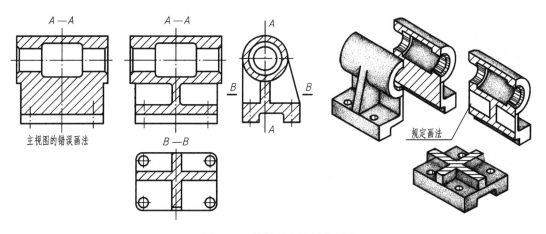

图 5.37　剖视图中肋板的画法

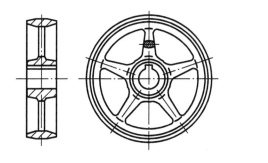

图 5.38　轮辐的简化画法

2. 回转体上均匀分布的孔、肋、轮辐结构在剖视图中的规定画法

当回转体上均匀分布的肋、轮辐、孔等结构不处于剖切平面上时,可将这些结构沿回转轴旋转到剖切平面上画出,不需要作任何标注,如图 5.39 所示。

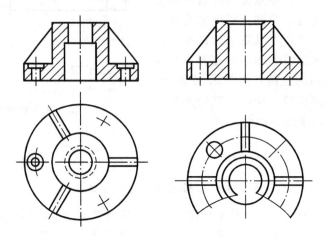

图 5.39 成辐射状均匀分布的肋、孔的表达方法

5.4.3 简化画法

1. 机件上相同结构的简化画法

当机件上具有若干个相同结构(如孔、槽等),并按一定规律分布时,只需画出几个完整的结构,其余用细实线连接表示出位置,同时在图中注明该结构的总数,如图 5.40 所示。

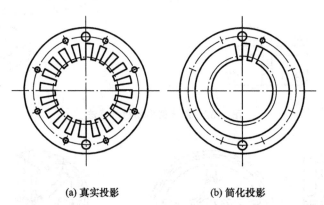

(a) 真实投影　　　　　　(b) 简化投影

图 5.40 具有相同结构并按一定规律分布的机件的表达方法

当机件上具有若干直径相同且成规律分布的孔,可仅画出一个或几个孔,其余用点画线表示其中心位置,并在图中注明孔的总数即可,如图 5.41 所示。

2. 对称机件的简化画法

对称机件的视图可只画大于一半的图形;也可只画一半,但必须在对称中心线两端画出两条与其垂直的平行细实线;如在两个方向对称的图形,可只画 1/4,如图 5.42 所示。

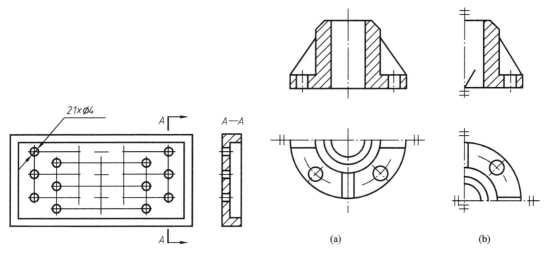

图 5.41 按规律分布的孔的简化画法　　图 5.42 对称机件视图的简化画法

3. 切断缩短画法

较长的机件如沿长度方向的形状一致或按一定规律变化时,可断开后缩短绘制(图 5.43),但尺寸数值仍按真实长度进行标注。

4. 与投影面倾斜角度小于或等于 30°的圆或圆弧的简化画法

与投影面倾斜角度小于或等于 30°的圆或圆弧,其投影可用圆或圆弧代替,圆心位置按照投影关系确定,如图 5.44 所示。

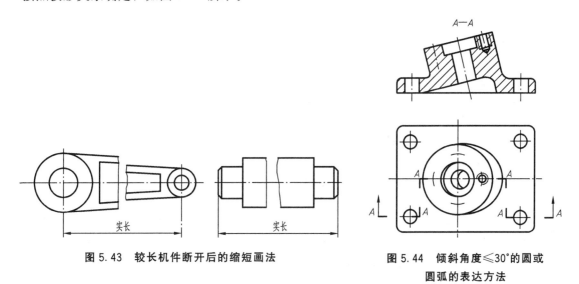

图 5.43 较长机件断开后的缩短画法　　图 5.44 倾斜角度≤30°的圆或圆弧的表达方法

5. 机件表面交线的简化画法

在不致引起误解时,机件上较小的结构(如相贯线、截交线),可以用圆弧或直线代替,零件图中的小圆角、小倒角、小倒圆均可省略不画,但必须注明尺寸或在技术要求中加以说明,如图 5.45 所示。

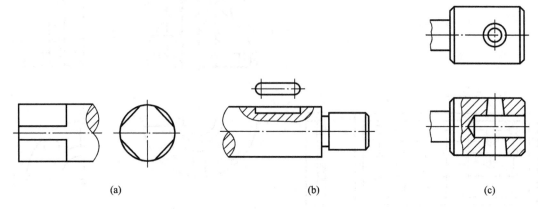

图 5.45　较小结构的交线的简化画法

5.5　表达方法的综合举例

通过对上述表达方法的讨论,视图包括基本视图、向视图、局部视图和斜视图,用来表达机件的外部形状和结构。剖视图包括单一剖切面剖切和多个剖切面剖切,每种剖视按剖开范围又有全剖、半剖和局部剖,用来表达机件的内部结构和形状。另外还有断面图及规定画法、简化画法。每种表达方法都有其应用场合、规定画法和标注等,仅仅掌握这些还不够,重要的是根据机件的结构和形状特点,灵活地选择合适的表达方法,将机件正确、完整、清晰地表达出来。一个机件往往可以选用几种不同的表达方案,在表达完整的前提下,力求做到画图简单和读图方便。

确定表达方案时应注意以下几点。

(1) 将机件信息量最多的那个视图作为主视图,通常是机件形状特征明显、与工作位置和加工位置一致的方向作为主视图的方向。

(2) 每个视图都要有自己的表达目的和重点。

(3) 各视图之间要相互配合和补充,避免不必要的细节重复。

(4) 尽量避免使用虚线表达机件。

(5) 在明确表达机件的前提下,视图的数量尽量最少。

【例 5.1】　试表达如图 5.46 所示的机件。

分析:该托架由圆筒、底板和十字肋板组合而成。需要表达它们的外形以及圆筒和底板上孔的内部结构。圆筒与底板倾斜,在放置时只能保证放正一个结构,为此只采用一个基本视图,倾斜的结构采用斜视图表达。

在主视图上采用局部剖,这样既表达了圆筒、底板和十字肋的外形及其相对位置、连接关系,又表达了圆筒和底板上孔的内部结构形状;为了进一步表达圆筒与十字肋板的连接关系,采用了 B 向的局部视图;为了表达倾斜板的实形和小孔的分布情况,采用了 A 向视图;为了表达十字肋板的断面形状,采用了移出断面图。这样采用 4 个图形,将托架完整、清晰地表达了出来,如图 5.47 所示。

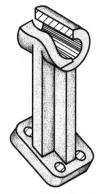

图 5.46 托架的立体图

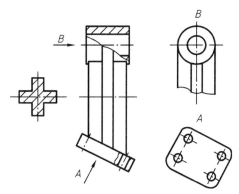

图 5.47 托架的表达方案

【例 5.2】 采用适当的表达方法表达如图 5.48 所示的机件。

分析：该机件由底板、筒体、筒体的左接口和右接口组合而成。需要表达它们的外形以及筒体、左右接口和凹坑的内部结构。

1. 主视图和其他基本视图的确定

选择如图 5.48 所示的主视图投影方向（该方向能较好地反映各基本体之间的组合方式及连接关系），得到如图 5.49 所示机件的 6 个基本视图（看不见的线仍用虚线表示）。通过分析比较，后视图和主视图、俯视图和仰视图、左视图和右视图基本上是等同的，因此后视图、仰视图和右视图应去掉。初步确定采用主视图、俯视图和左视图 3 个基本视图。

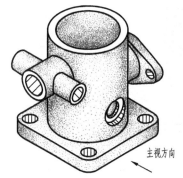

图 5.48 机件实体图

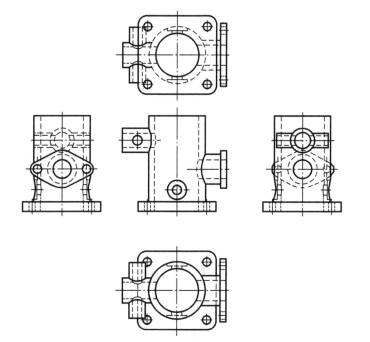

图 5.49 机件的基本视图

2. 主视图表达方法确定

图 5.50 所示为机件主视图的几种表达方法。主视图 1 采用全剖，不足之处在于不能表达部分外形和正面的凹坑；主视图 2 采用局部剖视图，表达筒体和右接口的内部结构，但没有表达左接口的内部结构；主视图 3 采用了 3 个局部剖视，表达了筒体和左右接口等内部结构，但由于局部剖太多，显得过于零碎；主视图 4 采用的局部剖视，由于剖切的位置不恰当，不能表达前面的凹坑；主视图 5 采用的局部剖视，既表达了左、右接口的内部结构，又表达了前后凹坑的形状和位置，是较佳的剖视图。

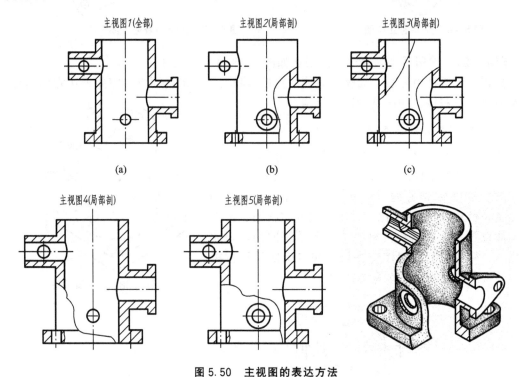

图 5.50　主视图的表达方法

3. 俯视图表达方法确定

图 5.51 和图 5.52 所示为机件俯视图的几种表达方案。图 5.51 是对应于单一剖时的全剖（图 5.51(a)）、半剖（图 5.51(b)）和局部剖视图（图 5.51(c)）。其中俯视图 1、2 表达不全面，没有表达右边的接口；俯视图 3 采用了 4 个局部剖视，显得过于零碎；如图 5.52 所示的俯视图均对应于阶梯剖的方法。其中，图 5.52(a)、图 5.52(b)对应于 A—A 阶梯剖的全剖视和半剖视，没有包括下方凹坑处的结构，如果能配以其他视图来反映这个结构的内部情况，表达方案就较为合适；如图 5.52(c)、图 5.52(d)则同时剖切到了 3 处结构，但这种阶梯剖不常用。

4. 左视图表达方法的确定

图 5.53 所示为左视图的几种表达方法。左视图 1 采用全剖，重点表达机件的内部结构，对外形表达欠佳；左视图 2 采用半剖(机件是前后对称)，表达了机件的外形和筒体、

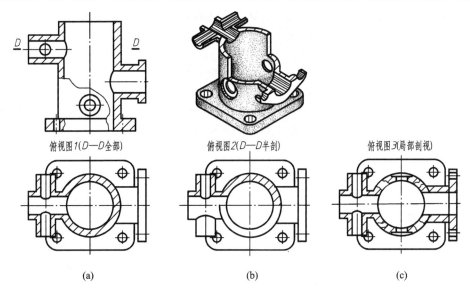

图 5.51 作单一剖时俯视图表达方法的确定

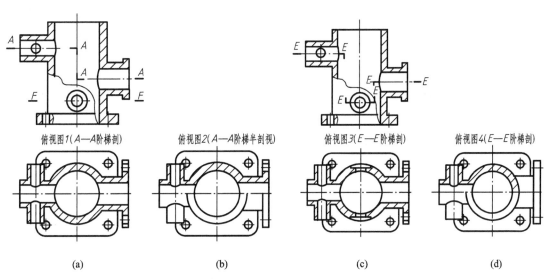

图 5.52 作阶梯剖时俯视图表达方法的确定

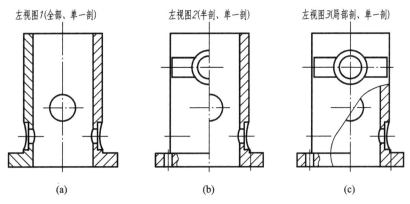

图 5.53 左视图表达方法的确定

凹坑的内部结构,是较佳的表达方案;左视图3采用局部剖,兼顾表达了机件的外形和内部结构。在左视图上还可采用局部剖表达底板上的小孔。

5. 其他视图和剖视

还可以对机件采用其他视图和剖视,如图5.54所示,B—B剖视表达左边接口的内部结构,D向表达左边接口的外形。G—G剖视和C向视图表达右边接口的形状。采用这些剖视和局部视图可辅助表达机件,并可减少基本视图的数量。

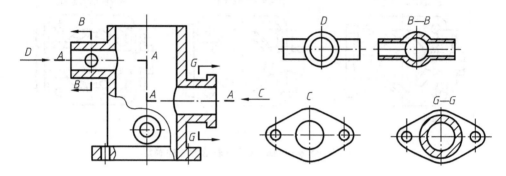

图 5.54　其他视图和剖视图

6. 表达方案的确定

通过上述对机件形状结构的分析和各个方向所采用的表达方法,可综合出机件的4种表达方案,如图5.55～图5.58所示,表达方案1中的阶梯半剖不常用;方案2中取了4处局部剖视的俯视图表达不清晰;方案3中由于没用左视图,B—B和G—G两个全剖视图的位置不如方案4所表达的那么清晰;方案4采用了3个基本视图上较好的表达方法,且各表达方法相互配合,将机件清晰、明了地表达出来,因此方案4是最佳的表达方案。

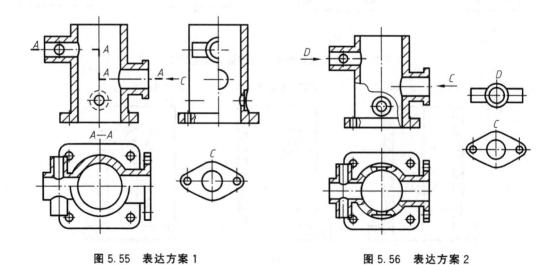

图 5.55　表达方案1　　　　　　　图 5.56　表达方案2

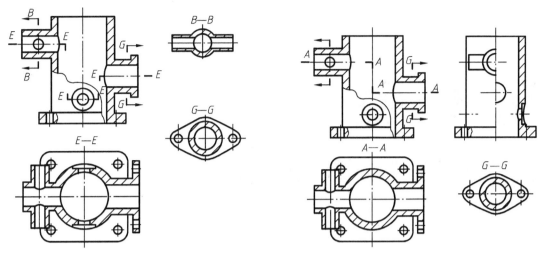

图 5.57 表达方案 3　　　　　　　图 5.58 表达方案 4

通过对上述机件所采用表达方案的分析举例，可以看出：要将机件的结构形状正确、完整、清晰地表达出来，机件各视图的表达方法可以有多种，机件的综合表达方案也有多种，方案之间有优有劣。为选择最佳表达方案，只有在充分掌握国家标准规定的各种表达方法的基础上，经过分析和综合，同时借鉴类似零件的表达方案，在不断实践的基础上，达到满意的表达结果。

本章所列举的各种表达方法，是下面进入零件图和装配图的绘制和识读阶段的基础，因此，在本章的学习与训练中，一定要力求深入理解、消化和吸收。

第 6 章
标准件和常用件

在机器或部件中，除一般零件（下一章将介绍）外，还广泛使用着标准件和常用件。本章介绍螺纹紧固件、键、销、滚动轴承等，这类零件的结构和尺寸已经标准化，称为标准件；此外，齿轮、弹簧等零件的部分结构、参数也已标准化，称为常用件。本章重点介绍标准件和常用件的有关标准、规定画法、代号和标记等。

要求学生了解采用标准件和常用件的意义，掌握标准件和常用件的基本知识、规定画法、标记以及相关标准表格的查阅。

6.1 螺　　纹

6.1.1 螺纹的形成及加工

螺纹为回转表面上沿螺旋线所形成的，具有相同剖面的连续凸起和沟槽。在圆柱面上形成的螺纹为圆柱螺纹，在圆锥面上形成的螺纹为圆锥螺纹。

在外表面上形成的螺纹称为外螺纹，在内表面上形成的螺纹称为内螺纹。常见的螺钉和螺母上的螺纹，分别是外螺纹和内螺纹，如图 6.1 所示。

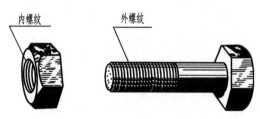

图 6.1　内螺纹与外螺纹

螺纹的加工方法很多。图 6.2(a)、(b)

分别表示在车床上加工圆柱外螺纹和内螺纹的情况。螺纹的加工过程，正好就是按阿基米德螺旋线的形成原理进行的。即当一动点沿圆柱的母线方向作等速直线运动(刀尖的移动)，而该母线又同时绕圆柱轴线作等角速旋转时(车床主轴的转动)，在圆柱表面即形成了螺旋线。而当给刀尖一个沿圆柱直径方向的距离时，就形成了螺旋面，即螺纹。

对于直径较小的外螺纹，可用板牙手工加工形成，如图 6.2(c)所示。对于直径较小的螺孔，可先用钻头钻出光孔，再用丝锥攻丝而得到内螺纹，如图 6.2(d)所示。图 6.2(e)则为大量生产外螺纹时，碾压螺纹的原理图。

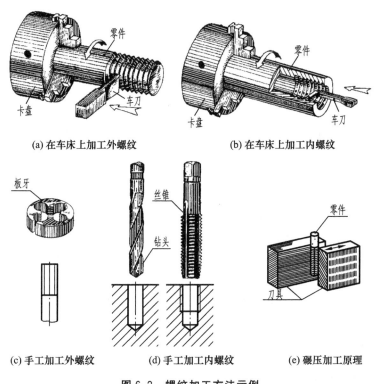

图 6.2 螺纹加工方法示例

6.1.2 螺纹的要素

螺纹的结构和尺寸是由牙型、公称直径、螺距及导程、线数、旋向五要素来确定，如图 6.3 所示。

1）牙型

在通过螺纹轴线的断面上，螺纹的轮廓形状称为螺纹牙型。它由牙顶、牙底和两牙侧构成，形成一定的牙型角。常见的螺纹牙型有三角形、梯形、锯齿形、矩形等，如图 6.4 所示。

普通螺纹(GB/T 193—2003、GB/T 196—2003)的牙型为三角形，牙型角为 60°，螺纹特征代号为 M。普通螺纹又分为粗牙和细牙两种，其特征代号均为 M。一般连接都用粗牙螺纹。当螺纹的大径相同时，细牙螺纹的螺距和牙型高度都比粗牙螺纹的小，因此细牙螺纹适用于薄壁零件的连接以及一些微调机构。

管螺纹有圆柱管螺纹和圆锥管螺纹之分。按其功用又分为螺纹密封型和非螺纹密封型两种。圆柱管螺纹的牙型为三角形，牙型角为 55°，其中，非螺纹密封的管螺纹

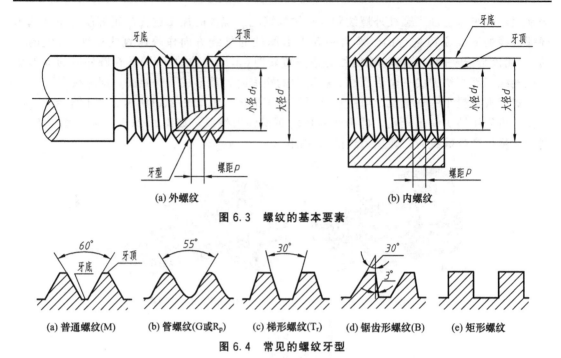

图6.3 螺纹的基本要素

图6.4 常见的螺纹牙型

(GB/T 7303—2002),螺纹特征代号为 G;螺纹密封的管螺纹(GB/T 7306—2002),螺纹特征代号有 3 种:圆锥内螺纹(锥度 1∶16)为 Rc;圆柱内螺纹为 Rp;圆锥外螺纹为 R。

60°圆锥管螺纹(GB/T 12716—2002)的牙型为三角形,牙型角为 60°,螺纹特征代号为 NPT,常用于汽车、航空、机床行业的中、高压液压、气压系统中。

梯形螺纹(GB/T 5796.4—2005)为常用的传动螺纹,牙型为等腰梯形,牙型角为 30°,螺纹特征代号为 Tr。

2) 公称直径

螺纹的直径有大径(d 或 D)、小径(d_1 或 D_1)、中径(d_2 或 D_2)之分,如图 6.5 所示。普通螺纹和梯形螺纹的大径又称为公称直径。

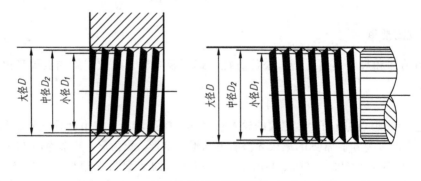

图6.5 螺纹的直径

螺纹的顶径是与外螺纹或内螺纹牙顶相切的假想圆柱或圆锥的直径,即外螺纹的大径或内螺纹的小径。

螺纹的底径是与外螺纹或内螺纹牙底相切的假想圆柱或圆锥的直径,即外螺纹的小径或内螺纹的大径。

3) 线数

螺纹有单线和多线之分。沿一根螺旋线形成的螺纹称单线螺纹，如图 6.6(a)所示；沿两根以上螺旋线形成的螺纹称多线螺纹，如图 6.6(b)所示。连接用的螺纹大多为单线螺纹。

4) 螺距和导程

螺纹相邻两牙在中径线上对应两点间的轴向距离称为螺距。同一条螺旋线上相邻两牙在中径线上对应两点间的轴向距离称为导程。

单线螺纹的螺距等于导程，多线螺纹的螺距乘线数等于导程，如图 6.6 所示。普通螺纹的公称直径和螺距的规定可见本书附录。

5) 旋向

螺纹有右旋和左旋之分。顺时针旋转时旋入的螺纹称为右旋螺纹，其可见螺旋线表现为左低右高，如图 6.7(a)所示；逆时针旋转时旋入的螺纹称为左旋螺纹，其可见螺旋线表现为右低左高，如图 6.7(b)所示。工程上常用右旋螺纹。

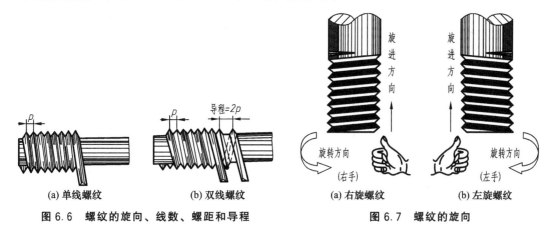

(a) 单线螺纹　　　　(b) 双线螺纹

图 6.6　螺纹的旋向、线数、螺距和导程

(a) 右旋螺纹　　　　(b) 左旋螺纹

图 6.7　螺纹的旋向

螺纹一般成对使用，只有上述五要素都相同的外螺纹和内螺纹才能相互旋合。

6.1.3　螺纹的分类

螺纹五要素中，牙型、大径和螺距三项都符合国家标准的螺纹称为标准螺纹；牙型不符合国家标准的螺纹称为非标准螺纹；牙型符合国家标准、但大径或螺距不符合国家标准的螺纹称为特殊螺纹。

螺纹按用途不同，又可分为连接螺纹和传动螺纹。常用的连接螺纹有普通螺纹和管螺纹，常用的传动螺纹有梯形螺纹和锯齿形螺纹。

6.1.4　螺纹的规定画法

螺纹若按真实投影作图，比较麻烦。为了简化作图，国家标准规定了螺纹的表示法。按此表示法作图并加以标记，就能清楚地表示螺纹的类型、规格和尺寸。

1. 外螺纹的规定画法

在投射方向垂直于螺纹轴线的视图上，牙顶用粗实线表示，牙底用细实线表示。一般近似地取小径＝0.85 大径。可见的螺纹终止线用粗实线画出。表示螺纹牙底的细实线要画入倒角部分。在投影为圆的视图上，螺纹牙顶用粗实线表示，牙底用约 3/4 圈的细实线表示，倒角圆省略不画，如图 6.8 所示。

外螺纹剖视图的画法如图 6.9 所示。在剖视图中，螺纹的终止线只画螺纹牙型高度的一小段，剖面线必须画到表示牙顶圆投影的粗实线为止。

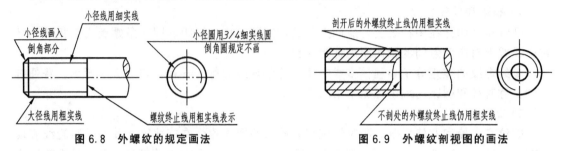

图 6.8　外螺纹的规定画法　　　　　图 6.9　外螺纹剖视图的画法

2. 内螺纹的规定画法

零件上的螺孔无论是穿通还是不穿通，在未经剖切时，投射方向垂直于螺纹轴线的视图上，螺纹所有图线均用虚线表示，如图 6.10 和 6.11 所示。

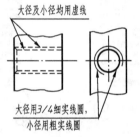
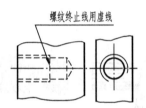

图 6.10　穿通内螺纹视图的画法　　　　图 6.11　不穿通内螺纹视图的画法

在剖视图和断面图中，内螺纹牙底（大径）用细实线表示。牙顶及螺纹终止线等用粗实线表示。在投影为圆的视图中，牙底（大径）画约 3/4 圈的细实线，牙顶（小径）画粗实线，倒角圆省略不画，如图 6.12 所示。

绘制未穿通的内螺纹时，一般应将钻孔深度及螺纹深度分别画出，如图 6.13 所示。

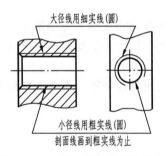
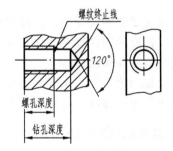

图 6.12　穿通内螺纹的规定画法　　　　图 6.13　不穿通内螺纹的规定画法

画圆锥内、外管螺纹时，在投影为圆的视图上，不可见端面牙底圆的投影省略不画，当牙顶圆的投影为虚圆时可省略不画，如图 6.14、图 6.15 所示。

3. 螺纹连接的规定画法

不剖时，螺纹旋合部分的所有图线均画虚线，其余部分仍按前述规定画法表示，如图 6.16(a)所示。

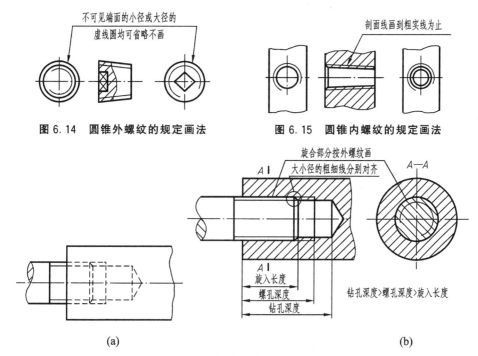

图 6.14 圆锥外螺纹的规定画法　　　图 6.15 圆锥内螺纹的规定画法

图 6.16 螺纹连接的规定画法

剖开时，螺纹旋合部分按外螺纹画法绘制，其余部分仍按内、外螺纹各自的规定画法表示，如图 6.16(b)所示。

6.1.5 螺纹的标记

在图样中，上述螺纹画法仅表达了螺纹的大径和小径。为了表示完整的螺纹五要素及其允许的尺寸变动范围等要求，则必须对螺纹进行标记。

1. 普通螺纹和梯形螺纹

普通螺纹和梯形螺纹的标注形式与标注尺寸的形式相同，即从大径处引出尺寸界线，标记的顺序如下。

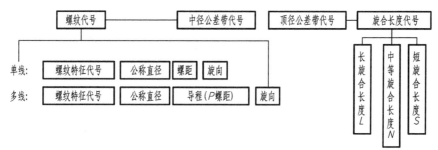

"螺纹代号"：表示所注螺纹的五要素，即牙型符号、公称直径、螺距、导程和线数及旋向(右旋螺纹不标，左旋螺纹则需标注 LH)。其中，粗牙普通螺纹不注螺距，细牙普通螺纹必须注写螺距。

"中径、顶径公差带代号":表示螺纹的精度要求,分别由基本偏差代号和公差等级数字组成,如 6H,7g 等,注写时外螺纹用小写字母,内螺纹用大写字母,当中径和顶径公差带代号相同时,只注一项。

"旋合长度代号":表示螺纹连接时对旋合长度的要求,有"中等旋合长度 N($0.5d\sim1.5d$)"、"短旋合长度 S"和"长旋合长度 L"之分,且中等旋合长度 N 可省略不注。

2. 管螺纹

管螺纹的标注形式采用指引线标注。不论是内螺纹还是外螺纹,指引线的一端一律指到大径。

表 6-1 列出了几种常用螺纹的特征代号、标记与说明,读者可仔细阅读。

表 6-1 常用标准螺纹类别、特征代号与标注

螺纹类别		特征代号	标记形式	标注示例	说明
普通螺纹	粗牙普通螺纹	M	M12-6h-S 短旋合长度代号 外螺纹中径和顶径(大径)公差带代号 公称直径(大径) 螺纹特征代号	M12—6h—S	用于一般零件间的紧固连接
	细牙普通螺纹		M20×2LH-6H 内螺纹中径和顶径(小径)公差带代号 左旋 螺距 公称直径 螺纹特征代号	M20×2HL—6H	
管螺纹	螺纹密封型	Rc Rp R	R1/2 尺寸代号 螺纹特征代号	R1/2 Rc1/2	圆锥内螺纹螺纹特征代号为 Rc;圆柱内螺纹螺纹特征代号为 Rp;圆锥外螺纹螺纹特征代号为 R
	非螺纹密封型	G	G1A 外螺纹公差等级代号 尺寸代号 螺纹特征代号	G1 G1A	用于连接管道。外螺纹公差等级代号有 A,B 两种,内螺纹公差等级仅一种,不必标注其代号

(续)

螺纹类别	特征代号	标记形式	标注示例	说明
梯形螺纹	Tr	Tr22×10(P5)-7e-L └─ 长旋合长度代号 └─ 外螺纹中径公差带代号 └─ 螺距 └─ 导程 └─ 公称直径（大径） └─ 螺纹特征代号	Tr22×10(P5)—7e—L	梯形螺纹用于传递动力和运动。其螺距或导程必须标注

6.2 螺纹紧固件

常用的螺纹紧固件起连接与紧固的作用，有螺栓、双头螺柱、螺母、螺钉、垫圈等，如图 6.17 所示。它们的结构形式及尺寸均已标准化，一般由标准件厂专业生产，使用单位可按需要根据有关标准选用。

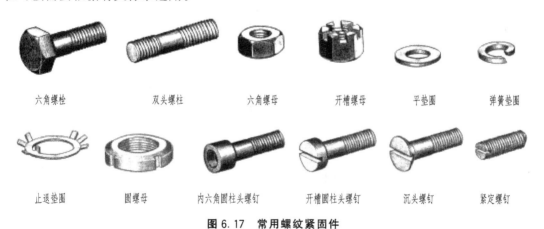

六角螺栓　　双头螺柱　　六角螺母　　开槽螺母　　平垫圈　　弹簧垫圈

止退垫圈　　圆螺母　　内六角圆柱头螺钉　　开槽圆柱头螺钉　　沉头螺钉　　紧定螺钉

图 6.17　常用螺纹紧固件

6.2.1　螺纹紧固件的种类和标记

在国家标准中，螺纹紧固件均有相应规定的标记，其完整的标记由名称、标准编号、螺纹规格、性能等级或材料等级、热处理、表面处理等项目组成，一般主要标记前 4 项。

表 6-2 列出了常用螺纹紧固件及其规定标记，螺纹紧固件的详细结构尺寸可根据规定标记查阅本书的相关附录。

表6-2 螺纹紧固件及其标记

名称及标准编号	图例	标记示例及说明
六角头螺栓—A级和B级 GB/T 5782—2000	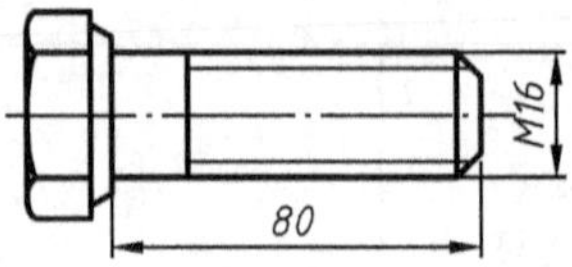	螺栓 GB/T 5782 M16×80： 表示A级六角头螺栓，螺纹规格M16、公称长度80mm
双头螺柱 GB/T 897—1988	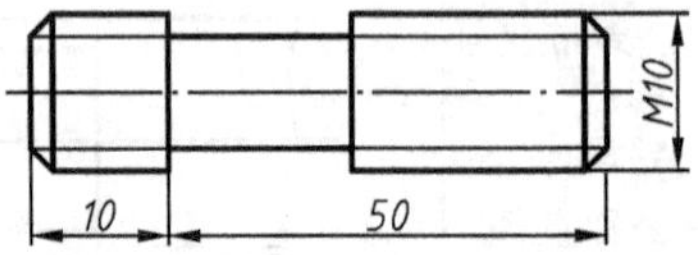	螺柱 GB/T 897 M10×50： 表示两端均为粗牙普通螺纹，螺纹规格M10，公称长度为50mm，B型、$b_m = d$的双头螺柱
开槽沉头螺钉 GB/T 68—2000	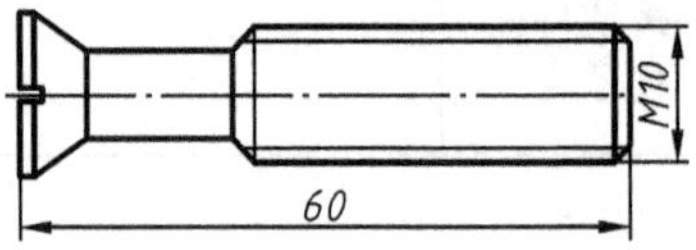	螺钉 GB/T 68 M10×60： 表示开槽沉头螺钉，螺纹规格M10、公称长度60mm
开槽长圆柱端螺钉 GB/T 75—1985	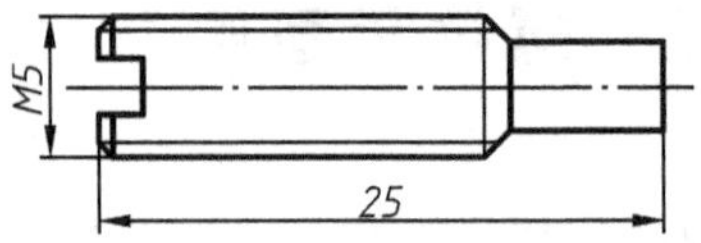	螺钉 GB/T 75 M5×25： 表示开槽长圆柱端螺钉，螺纹规格M5、公称长度25mm
Ⅰ型六角螺母—A级和B级 GB/T 6170—2000	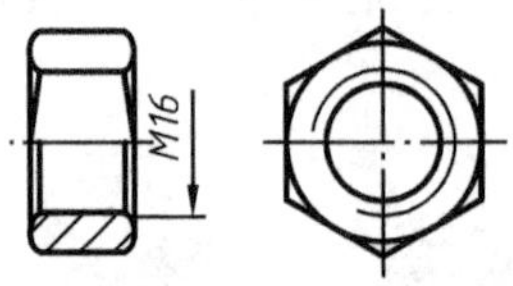	螺母 GB/T 6170 M16： 表示A级Ⅰ型六角螺母，螺纹规格M16
Ⅰ型六角开槽螺母—A级和B级 GB/T 6178—2000	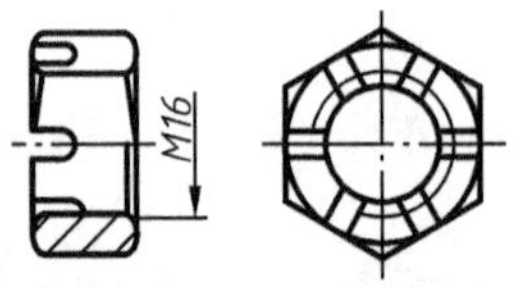	螺母 GB/T 6178 M16： 表示A级Ⅰ型六角开槽螺母，螺纹规格M16
平垫圈 GB/T 97.1—2002	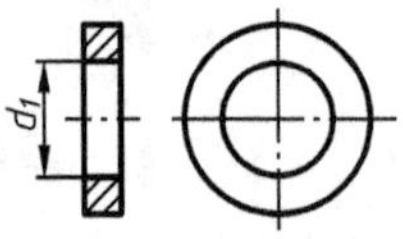	垫圈 GB/T 97.1 12-140HV： 表示A级平垫圈，螺纹规格M12，性能等级为140HV级
弹簧垫圈 GB/T 93—1987	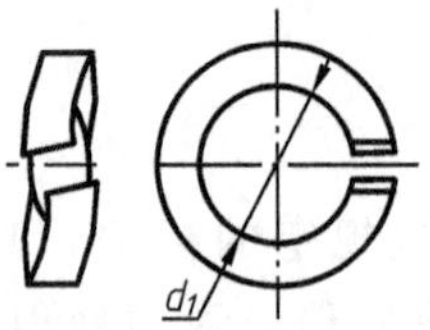	垫圈 GB/T 93 20： 表示标准型弹簧垫圈，螺纹规格M20

6.2.2 螺纹紧固件连接的画法

螺纹紧固件连接的基本形式有螺栓连接、双头螺柱连接和螺钉连接，如图6.18所示。

采用何种连接按实际需要选定。

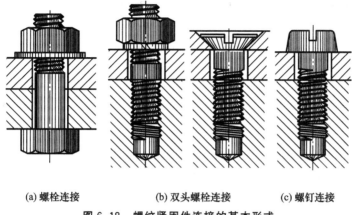

(a) 螺栓连接　　　(b) 双头螺栓连接　　　(c) 螺钉连接

图 6.18　螺纹紧固件连接的基本形式

画连接图时,应遵守下列规定。

(1) 两零件的接触面画一条线,不接触面画两条线。

(2) 在剖视图中,若剖切平面通过螺纹紧固件的轴线时,这些紧固件按不剖绘制。

(3) 相邻两零件的剖面线应不同(方向相反或间隔不等)。但同一个零件在各视图中的剖面线方向和间隔必须一致。

(4) 在剖视图中,当其边界不画波浪线时,应将剖面线绘制整齐。

1. 螺栓连接的画法

用螺栓、螺母和垫圈把两个被连接的零件连接在一起,称为螺栓连接。螺栓连接适用于连接两个不太厚,并允许钻成通孔的零件。装配时先将螺栓穿过两个被连接零件上的通孔,再套上垫圈,然后用螺母旋紧,即完成螺栓连接。

螺栓连接装配图一般根据螺栓的公称直径 d 按比例关系画出,这种画法称为比例画法。图 6.19 给出了螺纹紧固件的比例画法。

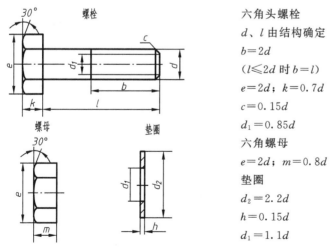

六角头螺栓
d、l 由结构确定
$b=2d$
($l \leqslant 2d$ 时 $b=l$)
$e=2d$；$k=0.7d$
$c=0.15d$
$d_1=0.85d$
六角螺母
$e=2d$；$m=0.8d$
垫圈
$d_2=2.2d$
$h=0.15d$
$d_1=1.1d$

图 6.19　螺纹紧固件的比例画法

图 6.20 给出了螺栓连接装配图的画法。在画图时应注意以下几点。

(1) 确定螺栓的公称长度 l,如图 6.20 所示,可按以下方法估算

$$l \geqslant \delta_1 + \delta_2 + h + m + a$$

式中:δ_1、δ_2 分别为工件的厚度,a 取 $(0.2 \sim 0.4)d$。由 的初算值,在螺栓标准的公称系列值中,选取一个与之接近的标准值。

(2) 螺栓上螺纹终止线应低于被连接件通孔顶面,以保证拧紧螺母时有足够的螺纹长度。

(3) 为保证螺栓装配方便,被连接零件上的孔径要比螺栓上螺纹的大径要略大,应为 $1.1d$,d 为螺纹的公称直径。

2. 螺柱连接的画法

用双头螺柱、螺母、垫圈把两个被连接零件连接在一起,称为螺柱连接。螺柱连接适用于被连接件之一较厚且不适合加工成通孔,而另一被连接件较薄可以加工成通孔的情况。连接时,先将螺柱的旋入端完全旋入较厚零件的螺孔中,再将另一个带孔的零件套入螺柱,然后放上垫圈,再用螺母旋紧,完成螺柱连接。

螺柱连接装配图的画法如下,如图 6.21 所示。

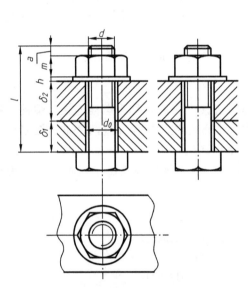

图 6.20 螺栓连接的比例画法

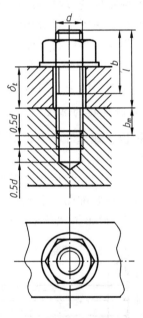

图 6.21 螺柱连接的比例画法

(1) 根据螺纹紧固件螺柱、螺母、垫圈的标记,由附录查得它们的全部尺寸。

(2) 确定螺柱的公称长度 l,按以下方法估算

$$l \geqslant \delta_1 + h + m + a; \quad a \text{ 取}(0.2 \sim 0.4)d$$

由 l 的初算值,在螺栓标准的公称系列值中,选取一个与之接近的标准值。

(3) 双头螺柱的旋入端长度 b_m 值与带螺孔的被连接件的材料有关。

被旋入零件的材料	旋入端长度 b_m	被旋入零件的材料	旋入端长度 b_m
钢、青铜	$b_m = d$	铝	$b_m = 2d$
铸铁	$b_m = (1.25 \sim 1.5)d$		

(4) 机件上螺孔的螺纹深度应大于旋入端螺纹长度 b_m，画图时，螺孔的螺纹深度可按 $b_m+0.5d$ 画出，钻孔深度可按 b_m+d 的比例画出。

(5) 双头螺柱下部螺纹终止线应与螺孔顶面重合。

3. 螺钉连接的画法

只用螺钉将两个被连接零件连接在一起，称为螺钉连接。螺钉连接多用于受力不大的零件之间的连接。连接时，螺钉杆部穿过一个零件的通孔而旋入另一个零件的螺孔，从而将两个零件固定在一起。

螺钉根据头部形状不同有许多形式，可参考附录。螺钉连接的装配图画法如图 6.22 所示，画图时应注意以下几点。

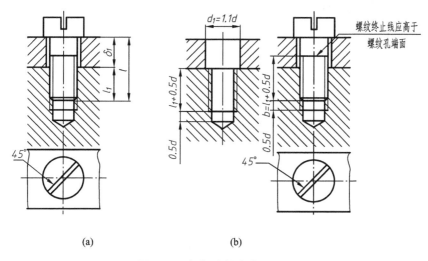

图 6.22 螺钉连接的装配画法

(1) 螺钉的公称长度 l 可按下式估算：$l=\delta_1+l_1$，根据估算出的 l 值，在螺钉的标准中，选取与其近似的标准值，作为最后确定的 l。

(2) 螺钉的旋入深度 l_1 与带螺孔的被连接件的材料有关，可参照双头螺柱连接的旋入端长度 b_m 值，近似选取 $l_1=b_m$。

(3) 为使螺钉连接牢靠，螺钉的螺纹长度和螺孔的螺纹长度都应大于旋入深度 l_1。螺孔的螺纹长度可取 $l_1+0.5d$。被连接件的光孔直径可近似地画成 $1.1d$。

(4) 为了使螺钉头能压紧被连接零件，螺钉的螺纹终止线应高出螺孔的端面。

(5) 螺钉头部的一字槽，在俯视图上画成与中心线成 $45°$，若槽宽小于或等于 2mm 时，则应涂黑。

4. 螺纹紧固件的简化画法

国家标准规定，在装配图中，螺纹紧固件还可采用以下简化画法。

(1) 螺纹紧固件的工艺结构，如倒角、退刀槽、凸肩等均可省略不画，如图 6.23 所示。

(2) 对于未钻通的螺孔，其钻头留下的倒锥必须画出，如图 6.23(b)所示。

(3) 螺栓、螺钉的头部及螺母的简化可查阅相关标准。

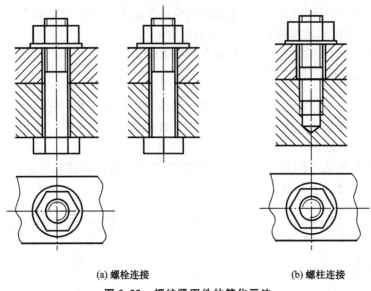

(a) 螺栓连接　　　　　　　　　　　　(b) 螺柱连接

图 6.23　螺纹紧固件的简化画法

6.3　键　与　销

6.3.1　键

键主要用来连接轴及轴上的零件，如齿轮、皮带轮、联轴器等，起传递转矩的作用。

1. 键的种类和规定标记

常用的键有普通平键、半圆键和钩头楔键等。精准连接时，常用花键轴与花键孔，其中普通平键分 A 型、B 型、C 型 3 种，如图 6.24 所示。常用键的形式和规定标记见表 6-3。使用时按其标记直接外购即可。

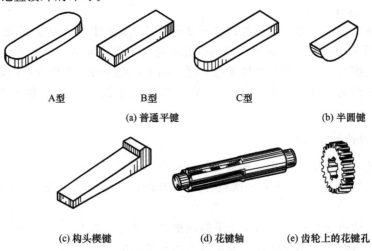

　　A型　　　　B型　　　　C型
(a) 普通平键　　　　　　　　　　(b) 半圆键

(c) 构头楔键　　　　(d) 花键轴　　　(e) 齿轮上的花键孔

图 6.24　常用键的形式

表6-3 常用键的形式和标记

名称及标准	图 例	标 记
普通平键A型 GB/T 1096—1979		键 $b \times L$　GB/T 1096—1979
半圆键 GB/T 1099—1979		键 $b \times d_1$　GB/T 1099—1979
钩头楔键 GB/T 1565—1979		键 $b \times L$　GB/T 1565—1979

2. 键连接装配图的画法

普通平键和半圆键连接装配图的画法如图6.25、图6.26所示。

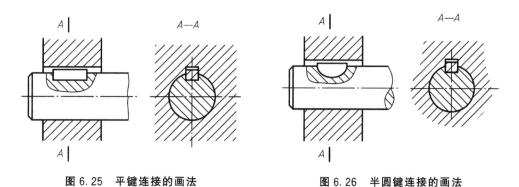

图6.25 平键连接的画法　　　　图6.26 半圆键连接的画法

当剖切平面沿着键的纵向剖切时，键按不剖处理；沿着其他方向剖切时，按正常的剖切处理。

普通平键和半圆键的两个侧面是工作面，所以键与键槽侧面之间不留间隙；而键顶面是非工作面，它与轮毂的键槽顶面之间应留有间隙。

钩头楔键的顶面有 1∶100 的斜度,连接时将键打入键槽,因此,键的顶面和底面为工作面,画图时,上、下表面与键槽接触,而两个侧面应留有间隙。

3. 键槽的画法和尺寸标注

轴和轮毂上键槽的画法和尺寸标注如图 6.27 所示。轴上键槽的深度和宽度尺寸应标注在断面图上。图中 b、t_1、t_2 等尺寸可根据轴的直径从附录中查得,l 由设计确定。

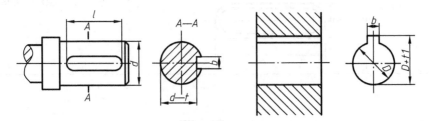

图 6.27　键槽尺寸标注

6.3.2　销

销主要用于两零件之间的连接或定位,但连接时只能传递不大的扭矩。

1. 销的种类和规定标记

常用的销有圆柱销、圆锥销和开口销等,如图 6.28 所示。它们的形式和标记见表 6-4。

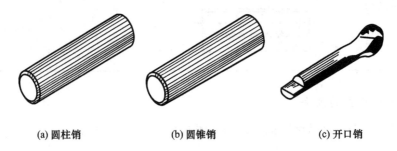

(a) 圆柱销　　　　　　(b) 圆锥销　　　　　　(c) 开口销

图 6.28　常用销的形式

表 6-4　销的形式和规定标记

名称及标准	图　例	标　记
圆柱销 GB/T 119—2000		销 GB/T 119　$d×l$
圆锥销 GB/T 117—2000		销 GB/T 117　$d×l$

(续)

名称及标准	图 例	标 记
开口销 GB/T 91—2000	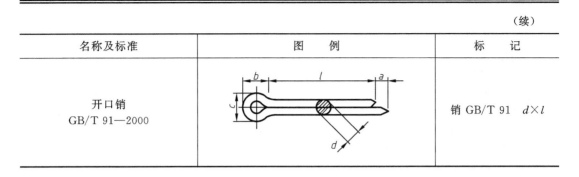	销 GB/T 91 $d×l$

2. 销连接装配图的画法

销连接装配图的画法如图 6.29 所示。

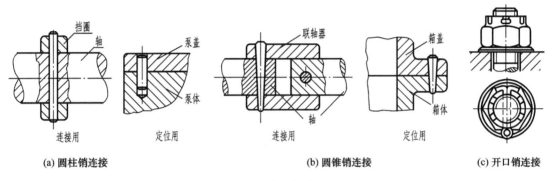

图 6.29 销连接的画法

销作为实心杆件,当剖切平面通过销的轴线剖切时,销按不剖绘制;垂直于轴线剖切时,按正常的剖切处理。

画轴上的销连接时,轴常采用局部剖,以表达销和轴之间的配合关系。

销的装配要求较高,一般被连接两个零件上的销孔在装配时一起加工,因此在图样中标注销孔尺寸时一般要注写"配作"的字样。

6.4 齿 轮

齿轮是机器中的重要传动零件,应用非常广泛。在机器中齿轮的作用是将一根轴的转动传递给另一根轴,以完成传递动力、改变转速或方向。

常见的齿轮传动形式有 3 种,如图 6.30 所示。

圆柱齿轮传动:用于传递两平行轴之间的运动。

圆锥齿轮传动:用于传递两相交轴之间的运动。

蜗轮、蜗杆传动:用于传递两交叉轴之间的运动。

本节仅介绍最常用的圆柱齿轮的基本知识及规定画法。圆锥齿轮和蜗轮蜗杆的基本知识及规定画法将在机械原理和机械设计课程中学习。

常见的圆柱齿轮按其轮齿的方向分成直齿轮和斜齿轮两种,如图 6.30(a)、(b)所示。

(a)直齿圆柱齿轮

(b)斜齿圆柱齿轮

(c)圆锥齿轮

(d)蜗杆、蜗轮

图 6.30 常见的齿轮传动

6.4.1 圆柱齿轮各部分的名称及几何尺寸的计算

1. 圆柱齿轮各部分名称

现以标准直齿圆柱齿轮为例来说明，如图 6.31 所示。

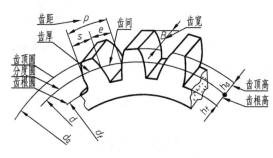

图 6.31 直齿圆柱齿轮各部分名称及代号

（1）齿顶圆：通过轮齿顶部的圆称为齿顶圆，其直径用 d_a 表示。

（2）齿根圆：通过轮齿根部的圆称为齿根圆，其直径用 d_f 表示。

（3）分度圆直径：标准齿轮的齿厚（某圆上齿部的弧长 s）与齿间（某圆上空槽的弧长 e）相等处的圆称为分度圆，其直径用 d 表示。

当一对齿轮啮合安装后，在理想状态下，两个分度圆相切，此时的分度圆也称为节圆。

（4）齿顶高 h_a：齿顶圆与分度圆之间的径向距离，用 h_a 表示。

（5）齿根高 h_f：齿根圆与分度圆之间的径向距离，用 h_f 表示。

（6）齿高 h：齿顶圆与齿根圆之间的径向距离，用 h 表示。

$$h=h_a+h_f$$

（7）齿距 p：分度圆上相邻两齿的对应点之间的弧长称为齿距，用 p 表示。

$$p=s+e$$

2. 直齿圆柱齿轮的基本参数

（1）齿数 z：齿轮上轮齿的个数，用 z 表示。

（2）压力角 α：两啮合齿轮的齿廓在接触点的受力方向与运动方向之间的夹角称为压力角。若接触点在分度圆上，则过分度圆交点的径向直线与齿廓在该点的切线所夹的锐角，即为 α。我国采用的压力角为 20°；

（3）模数 m：若齿轮的齿数用 z 表示，则分度圆的周长为 $\pi d=pz$，即 $d=pz/\pi$，令

$m=p/\pi$,则 $d=mz$,称 m 为模数,其单位为 mm。

模数是设计和制造齿轮的一个重要参数。模数越大,轮齿越厚,齿轮的承载能力越大。为了便于设计和加工,国家标准规定了齿轮模数的标准数值,见表 6-5。

两标准直齿圆柱齿轮正确啮合的条件是模数和压力角都相等。

表 6-5 圆柱齿轮的标准模数(GB/T 1357—1987)

第一系列	1,1.25,1.5,2,2.5,3,4,5,6,8,10,12,16,20,25,32,40,50
第二系列	1.75,2.25,2.75(3.25),3.5(3.75),4.5,5.5(6.5),7,9,(11),14,18,22,28,36,45

注:(1) 对斜齿轮是指法向模数。
(2) 应优先选用第一系列,其次是第二系列,括号内的模数尽量不用。

3. 直齿圆柱齿轮几何尺寸的计算

标准直齿圆柱齿轮各部分的尺寸,都与模数有关,设计齿轮时,先确定模数和齿数,然后根据表 6-6 所示的计算公式计算出各部分尺寸。

表 6-6 直齿圆柱齿轮各部分尺寸计算公式

名称	代号	计算公式
齿顶圆直径	d_a	$d_a=m(z+2)$
齿根圆直径	d_f	$d_f=m(z-2.5)$
分度圆直径	d	$d=mz$
齿高	h	$h=h_a+h_f=2.25m$
齿顶高	h_a	$h_a=m$
齿根高	h_f	$h_f=1.25m$
齿距	p	$p=\pi m$
中心距	a	$a=\frac{1}{2}(d_1+d_2)=\frac{m}{2}(z_1+z_2)$
传动比	i	$i=\frac{n_1}{n_2}=\frac{d_1}{d_2}=\frac{z_2}{z_1}$

6.4.2 圆柱齿轮的规定画法

1. 单个圆柱齿轮的画法

国家标准规定如下。

在视图中,齿顶圆和齿顶线用粗实线绘制。分度圆和分度线用细点画线绘制。齿根圆和齿根线用细实线绘制,也可省略不画,如图 6.32(a)所示。

在剖视图中,当剖切平面通过齿轮的轴线时,轮齿一律按不剖处理,齿根线用粗实线绘制,如图 6.32(b)所示。

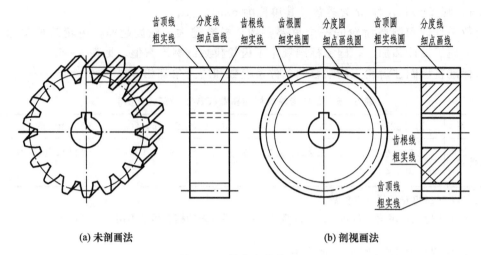

(a) 未剖画法　　　　　　　　　　　　(b) 剖视画法

图 6.32　单个齿轮的画法

表示斜齿、人字齿时，可在外形视图上用 3 条与齿线方向一致的细实线表示，如图 6.33 所示。

2. 两圆柱齿轮啮合的画法

两标准齿轮相互啮合时，两轮分度圆处于相切的位置，如图 6.34 所示，此时分度圆又称为节圆。

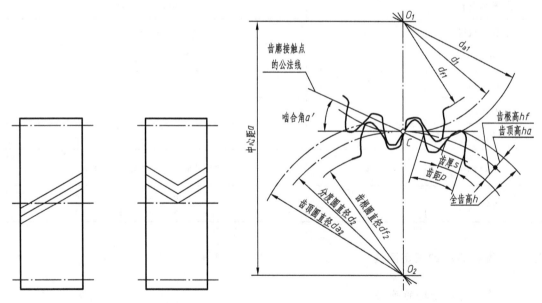

图 6.33　轮齿方向的表示法　　　　图 6.34　一对齿轮啮合传动示意图

标准齿轮传动中，参与啮合的两齿轮间的中心距 a 为：
$$a = d_1/2 + d_2/2 = m/2(z_1 + z_2)$$

其传动比 i 为：
$$i = n_1/n_2 = z_2/z_1$$

式中 d_1、n_1、z_1 和 d_2、n_2、z_2 分别表示主动轮和从动轮的分度圆直径、转速和齿数。

国家标准规定如下。

在平行于轴线的剖视图中,如图6.35(a)所示,两齿轮的分度线重合,用一条细点画线表示,并将一个齿轮的齿顶线用粗实线,而另一个齿轮的轮顶线用虚线(视为被遮挡)表示。

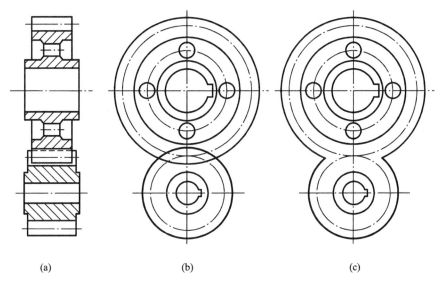

图6.35 直齿圆柱齿轮啮和剖视图画法

必须注意:在啮合区内,一个齿轮的齿顶线与另一个齿轮的齿根线之间要留有0.25倍模数的间隙。

在未剖的轴向视图(即外形视图)中,啮合区的齿顶线不画,分度线用粗实线绘制,如图6.36所示。

在垂直于轴线的视图中,如图6.36(b)所示,两分度圆相切,啮合区内的齿顶圆用粗实线画出,也可以省略不画,如图6.36(c)所示。

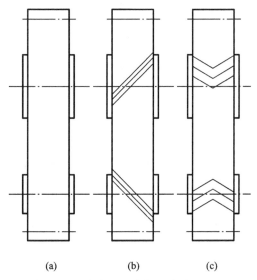

图6.36 直齿圆柱齿轮啮合外形画法

6.5 滚动轴承

滚动轴承是用于支承旋转轴的部件。它具有结构紧凑、摩擦阻力小的特点,能在较大的荷载、转速及较高的精度范围内工作,已被广泛应用在机器、仪表等多种产品中。滚动轴承的规格、型号较多,都已标准化,选用时可查阅有关标准。

6.5.1 滚动轴承的结构、类型

滚动轴承种类很多,但从结构上看,一般都由外圈、内圈、滚动体和保持架4部分组成,如图6.37所示。其外圈装在机座的孔内,固定不动;内圈套在轴上,随轴转动。

滚动轴承按其受力方向可分为3类。

(1)向心轴承,主要承受径向载荷,如图6.37(a)所示的深沟球轴承。

(2)推力轴承,只承受轴向载荷,如图6.37(b)所示的推力球轴承。

(3)向心推力轴承,同时承受径向载荷和轴向载荷,如图6.37(c)所示的圆锥滚子轴承。

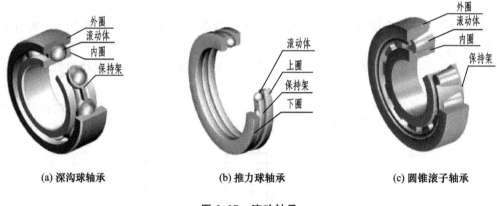

(a) 深沟球轴承　　　　　(b) 推力球轴承　　　　　(c) 圆锥滚子轴承

图 6.37 滚动轴承

6.5.2 滚动轴承的代号、标记

按国家标准规定,滚动轴承的结构尺寸、公差等级、技术性能等特性由滚动轴承代号来表示。代号由前置代号、基本代号和后置代号构成,其排列顺序如下。

$$\boxed{\text{前置代号　基本代号　后置代号}}$$

基本代号是轴承代号的基础。前置代号、后置代号是轴承在结构形状、尺寸等方面有改变时的补充代号,其内容含义和标注见 GB/T 272—1993。

基本代号又由轴承类型代号、尺寸系列代号和内径代号构成,其中,尺寸系列代号由轴承的宽(高)度系列代号和直径系列代号组成,其排列顺序如下。

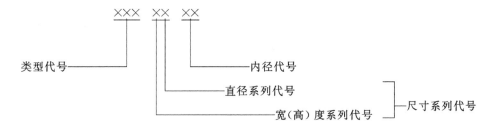

如在圆锥滚子轴承 31307 的标记中,各数字意义如下。

最后两位数字表示轴承内径的代号。从"04"开始用这组数字乘以 5,即为轴承内径的尺寸。本例中表示轴承内径 $d=07\times5=35$。而最后两位数字小于"04"时,标准规定:00 表示 $d=10$;01 表示 $d=12$;02 表示 $d=15$;03 表示 $d=17$(单位为 mm)。

中间两位数字"13",表示尺寸系列代号,其中宽度系列代号为 1,直径系列代号为 3。

第一个数字"3"为轴承类型代号,表示圆锥滚子轴承。

规定标记为:轴承 31307　GB/T 297

6.5.3 滚动轴承的画法

滚动轴承是标准部件。国家标准规定了滚动轴承的规定画法和简化画法。画图所需要的主要参数轴承内径 d、外径 D、宽度 B 可根据轴承代号查标准确定。

表 6-7 给出了 3 种常用滚动轴承的规定画法和简化画法。

表 6-7　常用滚动轴承的画法

名　称	主要尺寸	规定画法	简化画法
深沟球轴承	D, d, b		
推力球轴承	D, d, H		

(续)

名　称	主要尺寸	规定画法	简化画法
圆锥滚子轴承	D, d T, B, C		

6.6 弹　簧

弹簧是机械中的一种常用零件，是一种能储存能量的零件，它主要用于减震、夹紧、储存能量和测力等。弹簧的种类很多，如图6.38所示。螺旋弹簧在加工时分为冷卷和热卷两种，根据弹簧末端并紧且磨平圈数的不同，弹簧又分若干型号，需要时可查阅有关标准。本节主要介绍圆柱螺旋压缩弹簧的尺寸关系及画法。

螺旋压缩弹簧　　螺旋拉伸弹簧　　螺旋扭转弹簧　　涡卷弹簧　　板弹簧

图6.38　弹簧的种类

6.6.1　圆柱螺旋压缩弹簧各部分名称及尺寸关系

圆柱螺旋压缩弹簧由钢丝绕成，一般将两端并紧后磨平，使其端面与轴线垂直，便于支承。并紧磨平的若干圈不产生弹性变形，称为支承圈，通常支承圈圈数有1.5、2、2.5三种。

弹簧中参加弹性变形的有效工作圈数，称为有效圈数。

弹簧并紧磨平后在不受外力情况下的全部高度，称为自由高度。

圆柱螺旋压缩弹簧各部分名称及尺寸关系，如图6.39所示。

(1) 簧丝直径 d：用于缠绕弹簧的钢丝直径。
(2) 弹簧外径 D：弹簧外圈的直径。
(3) 弹簧内径 D_1：弹簧外圈的直径，$D_1 = D - 2d$。
(4) 弹簧中径 D_2：弹簧内径和外径的平均值，$D_2 = D - d$。
(5) 节距 t：两相邻有效圈截面中心线的轴向距离。
(6) 支承圈数 n_1：弹簧端部用于支承或固定的圈数。
(7) 有效圈数 n_2：除支承圈外，保持相等节距的圈数。
(8) 总圈数 n：$n = n_1 + n_2$。
(9) 自由高度 H_0。
支承圈为 2.5 时，$H_0 = nt + 2d$；
支承圈为 2 时，$H_0 = nt + 1.5d$；
支承圈为 1.5 时，$H_0 = nt + d$。

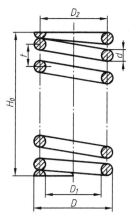

图 6.39　圆柱螺旋压缩弹簧

6.6.2　圆柱螺旋压缩弹簧的规定画法

1. 单个弹簧的规定画法

参照图 6.40 可以得出以下结论。

在平行于弹簧轴线的投影面上的视图中，各圈的轮廓应画成直线。

螺旋弹簧有左旋和右旋，画图时均可画成右旋。但对左旋的螺旋弹簧，不论画成左旋或右旋，一律要注出旋向"左"字。

有效圈数在 4 圈以上时，中间部分可省略，用通过中径的细点画线连起来。中间部分省略后，图形长度可适当缩短。

螺旋压缩弹簧要求两端并紧磨平时，无论支承圈的多少，均按 2.5 支承圈绘制。

2. 圆柱螺旋压缩弹簧的作图步骤

若已知簧丝直径 d，弹簧外径 D，弹簧节距 t，有效圈数 n，支承圈数 n_2，右旋。
画图步骤如图 6.40 所示。
(1) 根据计算出的弹簧中径及自由高度 H_0 画出矩形 $ABCD$，如图 6.40(a) 所示。
(2) 在 AB、CD 中心线上画出弹簧支承圈的圆，如图 6.40(b) 所示。
(3) 画出两端有效圈簧丝的剖面，在 AB 上，由 1 点和 4 点量取节距 t 到 2、3 两点，然后从线段 12 和 34 的中点作水平线与对边 CD 相交于 5、6 两点；以 2、3、5、6 点为中心，以弹簧丝直径为直径画圆，如图 6.40(c) 所示。
(4) 按右旋方向作相应圆的公切线，即完成作图，如图 6.40(d) 所示，图 6.40(e) 为剖视图。

3. 圆柱螺旋压缩弹簧在装配图中的画法

在装配图中，被弹簧遮挡的结构一般不画出，可见部分应从弹簧的外轮廓线或从弹簧钢丝剖面的中心线画起，如图 6.41(a) 所示。当弹簧被剖切时，剖面直径或厚度在图形上等于或小于 2mm，也可用涂黑表示，如图 6.41(b) 所示，也允许用示意画法，如图 6.41(c) 所示。

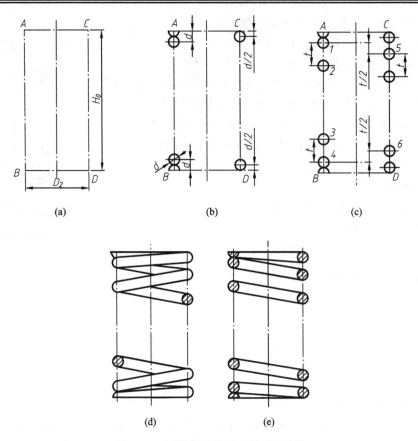

图 6.40 圆柱螺旋压缩弹簧画图步骤

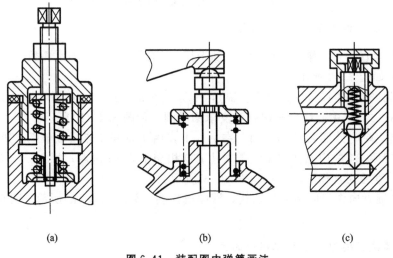

图 6.41 装配图中弹簧画法

6.6.3 圆柱螺旋压缩弹簧的零件图

图 6.42 为圆柱螺旋压缩弹簧的零件图,画图时应注意以下几点。

弹簧一般采用一个或两个视图表示。

弹簧的参数应直接标注在图形上,当直接标注有困难时,可在"技术要求"中注明。

圆柱螺旋压缩弹簧的机械性能曲线画成直线,标注在主视图的上方。图6.26用图解表示了弹簧的负荷与高度之间的变化,其中:

P_i——弹簧的极限负荷;

P_2——弹簧的最大负荷;

P_j——弹簧的预加负荷。

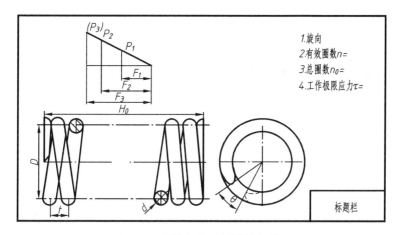

图6.42 圆柱螺旋压缩弹簧零件图

第7章 零件图

教学提示

绘制和阅读机械图样是本课程的最终学习目标，因此，零件图是本课程的重点内容之一。本章重点应掌握以下内容：了解零件图的基本内容；掌握零件图的视图选择和尺寸标注方法；了解零件图的技术要求；掌握阅读零件图的步骤和方法；掌握典型零件图样的画法。

教学要求

培养绘制和阅读零件图的基本能力是本章的主要目的。本章学习的重点和难点也在于零件图的绘制和阅读。要求学生通过本章的学习，能够应用形体分析法，正确分析零件的结构，合理、灵活地运用国家标准中规定的各种表示方法来表达零件结构，提高阅读零件图的能力。

7.1 零件图的作用和内容

7.1.1 零件图的作用

机械工程设计制造领域中用到的工程图样一般分为零件图和装配图两大类。零件是组成机器(或工具、用具)和部件的不可拆分的最小单元。零件图是表达单个零件结构、大小、加工方法及技术要求的图样，零件图是设计部门提交给生产部门的重要技术文件，它反映了设计者的意图，表达了对零件的要求(包括对零件的结构要求和制造工艺的可能性、合理性要求等)，是制造和检验零件的重要依据。

图 7.1 所示为蝴蝶阀阀体的立体图。如果要生产该阀体零件，就必须根据图 7.2 所示

零件图上所标明的材料、尺寸和数量等要求进行材料准备，然后根据图样提供的形状、大小和技术要求进行生产、加工、产品检验。

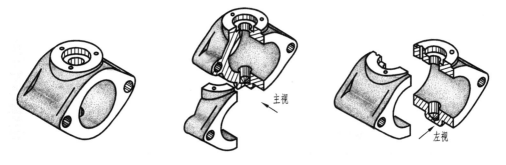

图 7.1　蝴蝶阀阀体零件

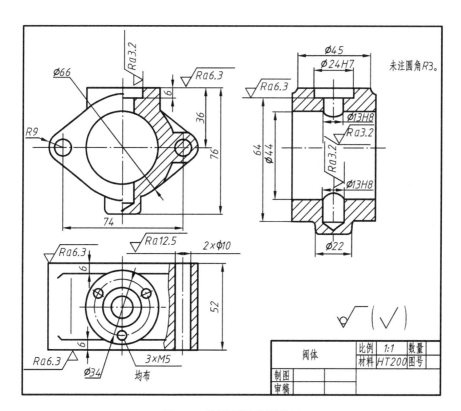

图 7.2　蝴蝶阀阀体零件图

7.1.2　零件图的内容

由图 7.2 蝴蝶阀零件图，可知作为零件图一般应包括以下 4 个方面的内容。

1. 一组视图

用一组视图（包括各种机件图样的表达方法）按照有关标准和规定准确、清楚和简便地表达出零件的结构形状。

2. 完整的尺寸

按照正确、齐全、清晰、合理的原则标注出零件各部分的大小及其相对位置尺寸,即提供制造和检验零件所需的全部尺寸。

3. 技术要求

用国家标准中规定的符号、数字、字母和文字等,简明、准确地给出零件在使用、制造、检验和安装时应达到的质量要求,如表面粗糙度、尺寸公差、形位公差、热处理及表面处理(如镀涂)以及其他要求。可以用符号注写在图上,也可以在标题栏上方或左方空白处统一书写。

4. 标题栏

标题栏在图样的右下角,应按标准格式画出,用以填写零件的名称、材料、图样的编号、比例及设计、审核、批准人员的签名、日期等内容。

7.2 零件图的视图选择

零件图的视图选择,是在考虑便于作图和读图的前提下,确定一组视图把零件的结构形状完整、清晰地表达出来,并力求绘图简便。同一个零件的视图表达方案可以有若干种,视图选择的目的是要选取其中的最佳表达方案。最佳表达方案的确定,首先是主视图的选择,再配以必要的其他视图补充表达,达到完整、清晰、正确地表达出零件各部分的结构形状的目的。本节将综合运用前面所学的知识,通过形体分析并结合零件的结构分析,来讨论零件图的视图选择原则。

7.2.1 主视图的选择

主视图是零件图中最重要的视图,画图也是从主视图开始的,主视图选择得恰当与否,将直接影响其他视图的数量和表达方法是否恰当,也关系到画图和读图是否方便。

主视图的选择原则主要从安放位置和投射方向两方面来考虑。

1. 零件的安放位置

所谓零件的安放位置,是指零件在加工过程中的主要加工位置或工作位置。为此有以下两个选择原则。

1) 工作位置原则

工作位置是指零件在机器或部件中的安装或工作时的位置,按照工作位置或零件的安装位置选择主视图,读图比较直观(如箱体类零件),最好能与零件安装在机器(或部件)中的工作位置一致,便于想象零件在机器中的工作状况和阅读零件图,如图 7.3 所示的吊钩。

2) 加工位置原则

加工位置是指零件加工时在机床上的装卡位置。主视图摆放位置与零件主要加工工序中的加工位置相一致,便于工人加工时对照图样进行加工和检测尺寸。如轴、套、轮盘状类零件主要是在车床上加工,装卡时它们的轴线都是水平放置的,因此对于这一类零件就选择轴线水平时为其主视图,如图 7.4 所示的阶梯轴及端盖。

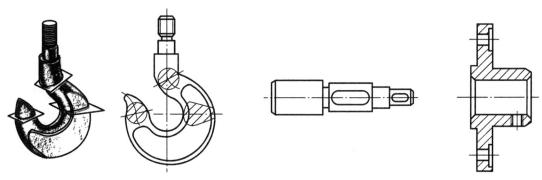

图 7.3 吊钩的工作位置　　　　　图 7.4 阶梯轴及端盖的加工位置

2. 主视图的投射方向

确定了零件的安放位置后，还应选定主视图的投射方向，又称形状特征原则。将最能反映零件形体特征的方向作为主视图的投射方向，即在主视图上尽可能多地展现零件内外结构形状及各组成形体之间的相对位置关系。

在考虑和选择零件的主视图时，往往首先确定零件的安放位置。这时首先考虑加工位置原则，若不符合这一原则，则考虑零件的工作位置原则，以此确定零件的安放位置，在零件的安放位置确定后，根据零件的形状特征原则确定主视图的投射方向。

图 7.5 所示的柱塞泵箱体按工作位置选择其安放位置，安装基面为 C 向侧立面。按形状特征原则分析其投射方向，可知按箭头 A 方向进行投射并取剖视所得到的视图，与按箭头 B、C、D 向进行投射所得到的视图相比较，前者反映其形状特征及各部分相对位置关系更为清晰和完整，因此应以 A 向作为主视图的投射方向。

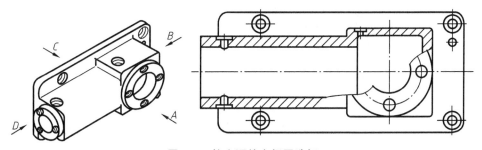

图 7.5 柱塞泵的主视图选择

7.2.2 其他视图的选择

主视图确定后，根据零件结构形状的复杂程度，其他视图的选择应考虑以下几点。

（1）根据零件的复杂程度及内外结构形状，全面考虑所需要的其他视图，使每个视图至少有一个表达重点。在明确表达零件的前提下，使视图（包括剖视图和断面图）的数量为最少，力求表达简练，不出现多余视图，便于画图和看图。

（2）优先考虑采用基本视图以及在基本视图上作剖视图。采用局部视图、局部剖视图、斜视图或斜剖视图时应尽可能按投影关系配置在相关视图的附近。

（3）要考虑合理地布置视图位置，使图样清晰匀称，便于标注尺寸及技术要求，既能充分利用图幅，又能减轻视觉疲劳。

图 7.7 所示为泵体的最终表达方案。

（1）分析零件的结构形状。参照图 7.6，分析零件的结构形状可知该泵体为箱体类零件。

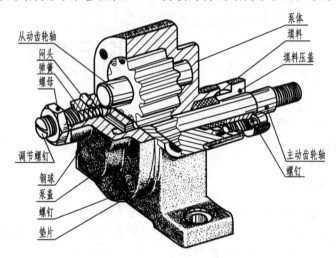

图 7.6　齿轮泵立体图

（2）选择主视图。根据工作位置原则选择主视图，如图 7.7 所示。其中，主视图采用了三处局部剖视，因剖切位置明显，未加标注。

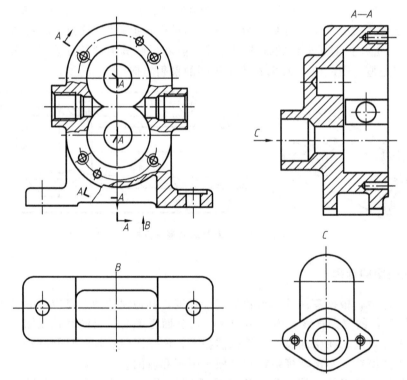

图 7.7　齿轮油泵泵体最终表达方案

（3）选择其他视图，初定表达方案。左视图采用了用几个相交的剖切面剖切的剖视图 $A—A$；B 视图为仰视投射方向的局部视图；C 视图为后视方向的局部视图。

(4) 经分析形成图 7.7 的表达方案。此方案视图数量较少，避免了细虚线，没出现多余的视图，故为表达该泵体的较好方案。

7.3 零件图的尺寸标注

7.3.1 零件图尺寸标注的基本要求

零件上各部分的大小是按照图样上标注的尺寸进行制造和检验的。零件图中尺寸是零件图的主要内容。零件的尺寸标注要做到正确、完整、清晰、合理。对于前 3 项要求，前面已有介绍，这里主要讨论尺寸标注的合理性。

尺寸标注的合理性主要包括以下两个方面。
(1) 满足设计要求，保证零件的工作性能。
(2) 满足工艺要求，便于加工制造和检测。

要达到这些要求，仅靠形体分析法是不够的，还必须了解零件的作用及其在机器中的装配位置及采用的加工方法等，掌握一定的设计、工艺知识和有关的专业知识。因此，本章只作初步介绍，使初学者明确努力方向。

7.3.2 正确选择尺寸基准

基准是指零件的设计、制造和测量时，确定尺寸位置的几何要素。基准的选择直接影响零件能否达到设计要求，以及加工是否可行、方便。零件的长、宽、高 3 个方向至少有一个尺寸基准，当同一方向有几个基准时，其中之一为主要基准，其余为辅助基准。根据基准的作用，基准可分为以下两类。

1. 设计基准

用以保证零件的设计要求而选择的基准，即确定零件在机器中正确位置的点、线、面称为设计基准。一般选择重要的接触面、对称面、端面和回转面的轴线等。

图 7.8 所示的轴承架在机器中的位置是用接触面Ⅰ、Ⅱ和对称面Ⅲ来定位的，这 3 个

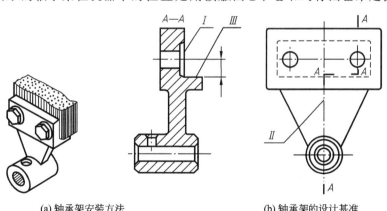

(a) 轴承架安装方法　　　　(b) 轴承架的设计基准

图 7.8 轴承架的设计基准

面分别是轴承架长、宽和高3个方向的设计基准,用来保证轴孔的轴线与对面另一个轴承架(或其他零件)轴孔的轴线在同一直线上,并使相对的两个轴孔的端面间距离达到必要的精确度。

2. 工艺基准

工艺基准是指确定零件在机床上加工时的装夹位置,以及测量零件尺寸时所利用的点、线、面。

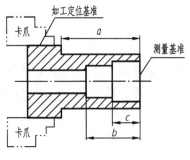

图7.9 套的工艺基准

图7.9所示的套在机床上加工时,用其左端大圆柱面作为径向定位面;而测量轴向尺寸a、b、c时,则以右端面为起点,因此这两个面就是工艺基准。

3. 基准的选择

从设计基准出发标注尺寸,能保证设计要求;从工艺基准出发标注尺寸,则便于加工和检测。在选择基准时,最好使设计基准与工艺基准重合,如不能重合时,所标注的尺寸应在保证设计要求的前提下,满足工艺要求。

一般在长、宽、高3个方向各选一个设计基准为主要基准。用以确定影响零件在机器中的工作性能、装配精度和主要的定位尺寸的功能尺寸,必须直接从设计基准直接注出。如图7.10中轴承孔的中心高度 a 是一功能尺寸,应直接以底面为基准标注出来,而不应将其代之为 b 和 e,避免因加工制造时产生的积累误差累积到功能尺寸上来,超出设计要求。同样,为了保证安装时底板上两个安装孔与机座的两个螺孔能准确定位,也应该如图7.10(a)所示直接注出两个安装孔的中心距 c,而图7.10(b)所示的注法是不合理的。

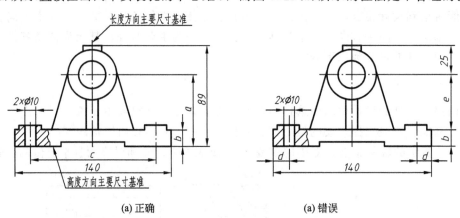

(a) 正确   (a) 错误

图7.10 功能尺寸直接标注

除主要基准之外的其余工艺基准则为辅助基准,用以保证零件加工及装卸方便的非功能尺寸,应考虑加工、测量零件的方便,从工艺基准或按形体分析法开始标注,如退刀槽、肋板等。

7.3.3 合理标注尺寸应注意的问题

1. 主要尺寸直接标注

零件的主要尺寸是指功能尺寸,例如零件间的配合尺寸,重要的安装定位尺寸。为了满足设计要求,主要尺寸应该直接标注,如图7.11所示。

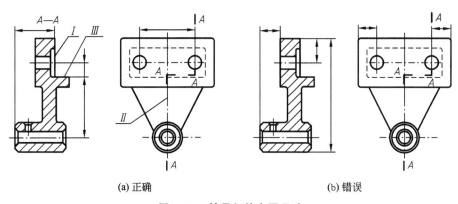

(a) 正确　　　　　　　　　　　　(b) 错误

图 7.11　轴承架的主要尺寸

2. 相关零件的尺寸要协调一致

对部件中有相互配合、连接、传动等关系的相关零件的相关尺寸应尽可能做到尺寸基准、尺寸标注形式及其内容等协调一致(孔和轴配合、内外螺纹连接、键和键槽),如图7.12所示的尾座与导板。

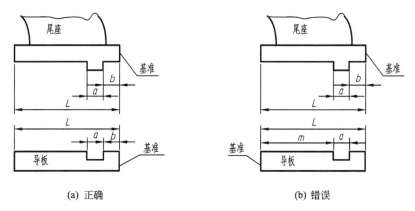

(a) 正确　　　　　　　　　　　　(b) 错误

图 7.12　相关零件的尺寸协调一致

3. 避免标注成封闭尺寸链

封闭的尺寸链是首尾相接形成一个封闭圈的一组尺寸。图7.13(b)是错误的标注,每个尺寸的精度都将受到其他尺寸的影响,尺寸链中任一环的尺寸误差,都等于其他各环的尺寸误差之和。因此,注成封闭尺寸链,同时满足各环的尺寸精度是办不到的。

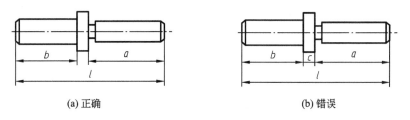

(a) 正确　　　　　　　　　　　　(b) 错误

图 7.13　避免标注成封闭尺寸链

处理的办法是选择一个相对不重要的尺寸不标注尺寸，称为开口环，使误差累积到这个不重要的开口环上去(加工时不测量)，从而保证其他各段已注尺寸的精度。

4. 标注尺寸要便于测量

在没有结构上或其他重要的要求时，标注尺寸要尽量考虑便于加工和测量，且易保证加工精度。在满足设计要求的前提下，标注尺寸应尽量做到使用普通量具就能测量，以减少专用量具的设计和制造，如图7.14所示。

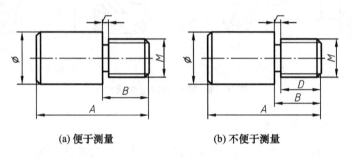

(a) 便于测量　　　　(b) 不便于测量

图7.14　标注尺寸便于测量

5. 考虑加工方法和加工顺序

区分不同的加工方法，对同属同一加工阶段的尺寸最好组成一组，并且使其中一个尺寸与其他的尺寸联系起来。这样配置尺寸，清晰易找，加工时读图方便。不加工面的尺寸精度也能从工艺上保证设计要求。

如图7.15所示，因为铸件、锻件的不加工面(毛坯面)的尺寸精度只能由铸造、锻造工艺来保证，如果同一加工面与多个不加工面都有尺寸联系，即以同一加工面为基准来同时保证这些不加工面尺寸的精度要求，将使加工制造不方便，实际上也是不可能的。所以标注零件毛坯面的尺寸时，在同一方向上的加工面与毛坯面之间，一般只能有一个尺寸联系，其余则为毛坯面与毛坯面之间或加工面与加工面之间联系。这样，加工面的尺寸精度要求容易保证。

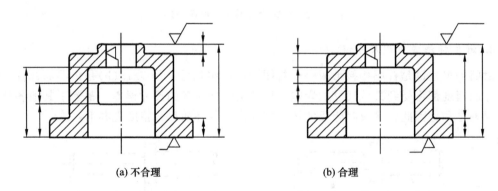

(a) 不合理　　　　(b) 合理

图7.15　毛坯面的尺寸标注

标注尺寸要符合加工顺序，图7.16按加工顺序标注尺寸，符合加工过程，方便加工和测量，从而易于保证工艺要求，便于读图。图7.16为一阶梯轴，车削加工后即铣键槽，从图上加工顺序可知，为了便于看图加工，当车制轴上某一结构时，应让车工从图上直接看到结构的定形和定位尺寸，不需做任何计算。因此标注退刀槽的尺寸要从左侧起点标注。

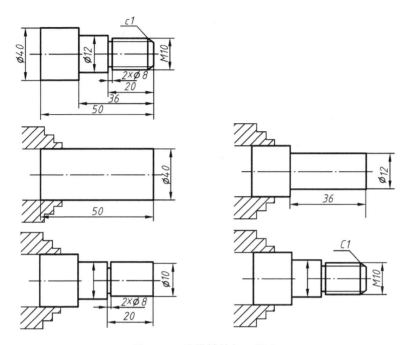

图 7.16 阶梯轴的加工顺序

6．尺寸的简化注法

国家标准指出：简化注法的主要简化原则是在保证不至于引起误解的前提下，便于阅读和绘制，注重简化的综合效果。基本要求如下。

(1) 若图样中的尺寸和公差全部相同或某尺寸和公差占多数时，可在图样空白处作总的说明，如"全部倒角 $C2$"、"其余圆角 $R4$" 等。

(2) 标注尺寸时，应尽可能使用符号和缩写词。常用的符号和缩写词包括第一章介绍过的 ϕ、R、$S\phi$、SR 表示圆的直径、圆弧半径、球直径、球半径和表示弧长、斜度、锥度的符号，表 7-1、7-2 所示的就是这一类结构常用的标注形式。

表 7-1 简化注法常用的符号和缩写词

含义	符号或缩写词	含义	符号或缩写词
厚度	t	沉孔或锪平	⌴
正方形	□	埋头孔	∨
45°倒角	C	均布	EQS
深度	↓	展开长	⌒→

表 7-2 零件上常见的各种光孔、螺孔和沉孔的尺寸标注示例

序号	类型	普通注法	简化注法	
1	不通光孔（盲孔）	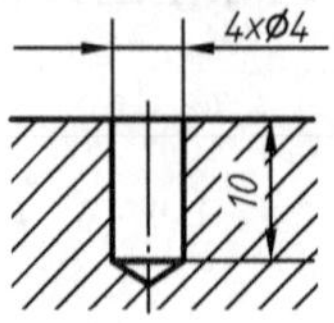4×Ø4 10	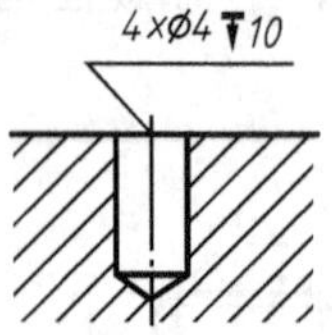4×Ø4↧10	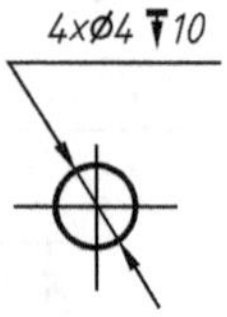4×Ø4↧10
2	埋头孔	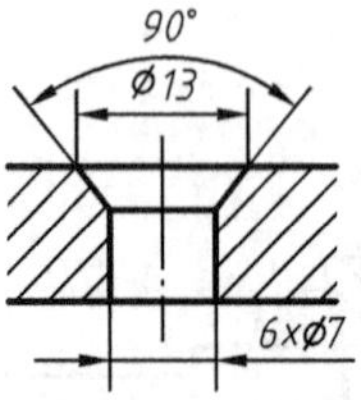90° Ø13 6×Ø7	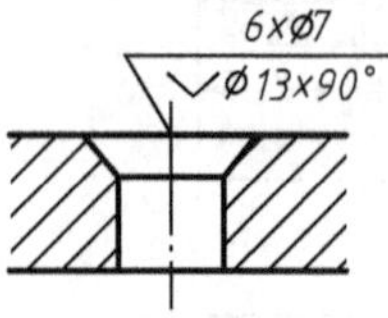6×Ø7 ⌵Ø13×90°	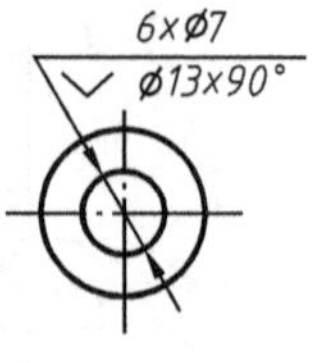6×Ø7 ⌵Ø13×90°
3	沉孔	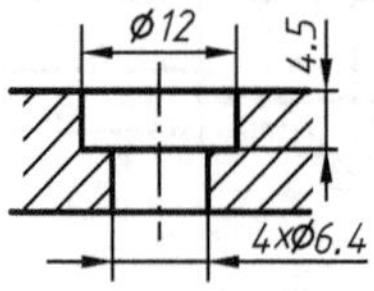Ø12 4.5 4×Ø6.4	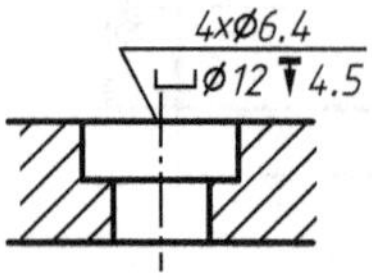4×Ø6.4 ⌴Ø12↧4.5	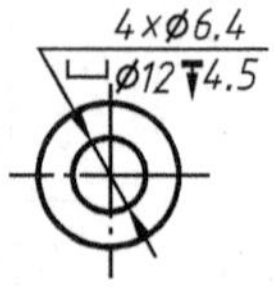4×Ø6.4 ⌴Ø12↧4.5
4	锪平	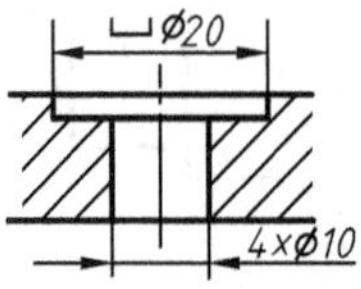⌴Ø20 4×Ø10	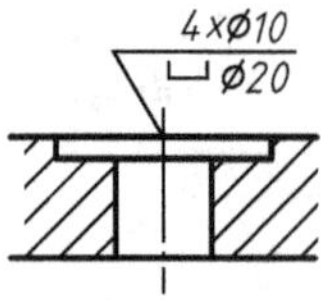4×Ø10 ⌴Ø20	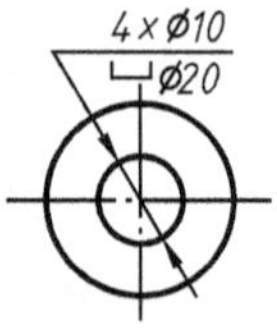4×Ø10 ⌴Ø20
5	不通螺孔	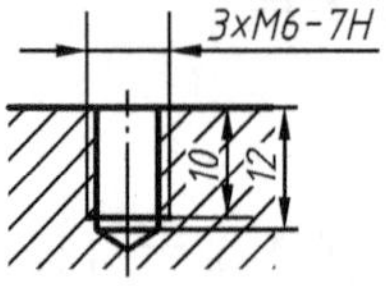3×M6-7H 10 12	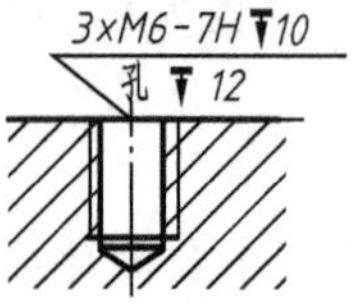3×M6-7H↧10 孔↧12	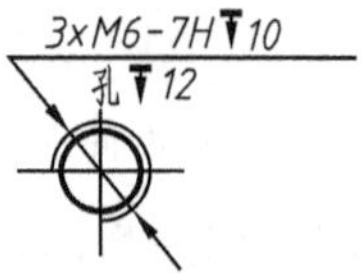3×M6-7H↧10 孔↧12

7. 零件尺寸标注的方法步骤

(1) 对零件进行结构分析，从装配图或装配体上了解零件的作用，弄清该零件与其他零件的装配关系。

(2) 选择尺寸基准和标注功能尺寸。

(3) 考虑工艺要求，结合形体分析法标注其余尺寸。

(4) 检查。认真检查尺寸的配合与协调，是否满足设计与工艺要求，是否遗漏了尺寸，是否有多余和重复尺寸。

7.4 零件图的技术要求

为了保证零件预定的设计要求和使用性能，必须在零件图上标注或说明零件在加工制造过程中的技术要求，如尺寸公差、表面粗糙度、形状和位置公差及热处理方面的要求等。技术要求在零件图中的表示方法有两种，一种是用规定的代(符)号标注在视图中；另一种是在"技术要求"标题下用简明文字来说明。下面将介绍这些技术要求的内容、选用原则和在图样上的标注方法。

7.4.1 表面粗糙度

1. 基本概念

零件表面不论加工得多么精细,在放大镜或显微镜下观察,总会看到高低不平的状况(图 7.17),凸起部分称为峰,低凹部分称为谷。零件表面的这种具有较小间距和微小峰谷所组成的微观几何形状特征,称为表面粗糙度。它与零件的加工方法、材料性质以及其他因素有关。

表面粗糙度是衡量零件表面质量的标准之一,它对零件的配合性质、耐磨性、抗疲劳强度、抗腐蚀性能、密封性、表面涂层的质量、产品外观等都有较大的影响。表面粗糙度数值越小,则表面越光滑,其加工成本也越高。因此,图样上要根据零件的功能要求,对零件的表面粗糙度作出相应规定,在满足零件的使用要求的前提下,应尽量降低对粗糙度的要求。

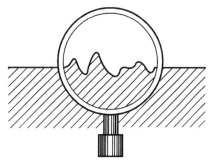

图 7.17 表面粗糙度概念

国家标准 GB/T 3505—2000 和 GB/T 1031—1995 规定了表面粗糙度术语、评定参数及其数值系列等。评定表面粗糙度参数的指标,有轮廓算术平均偏差 Ra,轮廓微观不平度十点高度 Ry 和轮廓最大高度 Rz。在常用的参数值范围内,推荐优先选用轮廓算术平均偏差 Ra,它是指在取样长度 l 内,被测轮廓线上(Z 方向)的各点至基准线距离绝对值的算术平均值,用公式表示为

$$Ra = \frac{1}{l}\int_0^l |Z(x)| \, dx$$

其近似值为

$$Ra = \frac{1}{n}\sum_{i=1}^n |Zi|$$

式中,Z 为轮廓线上的点到基准线(中线)之间的距离;l 为取样长度;x 轴为基准线。轮廓算术均偏差如图 7.18 所示。轮廓算术平均偏差可用电动轮廓仪测量,运算过程由仪

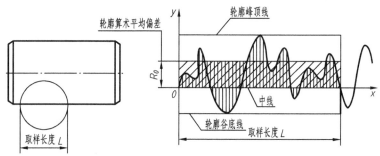

注:取样长度 L——用于判别具有表面粗糙特征的一段基准长度;
　　轮廓偏距 y——在被测量方向上,表面轮廓上各点到基准线距离。

图 7.18 轮廓算术平均偏差

器自动完成，其数值见表7-3。国家标准规定 Ra 的值有两个系列，选用时优先采用第一系列。显然，数值大的表面粗糙，数值小的表面光滑。

表7-3 轮廓算术平均偏差 Ra 的数值

Ra/μm		Ra/μm		Ra/μm		Ra/μm	
第一系列	第二系列	第一系列	第二系列	第一系列	第二系列	第一系列	第二系列
	0.008						
	0.010						
			0.125		1.25	1.25	
	0.160		0.160	1.60			16.0
0.020	0.20				2.0		20
			0.25		2.5	25	
0.032			0.32	3.2			32
0.040	1.40				4.0		40
			0.50		5.0	50	
0.063			0.63	6.3			63
0.080	0.80				8.0		80
			1.00		10.0	100	

注：优先选用第一系列。

2. 表面粗糙度符号

国标 GB/T 131—1993《机械制图 表面粗糙度符号、代号及其注法》规定了零件表面粗糙度符号、代号及其在图样上的标注方法。图样上所标注的表面粗糙度符号、代号是该表面完工后的要求。有关表面粗糙度的各项规定应按功能要求给定。若仅需要加工（采用去除材料的方法或不去除材料的方法）但对表面粗糙度的其他规定没有要求，可以只标注表面粗糙度符号。

图样中表示零件表面粗糙度的符号画法、符号、代号、含义及其有关的规定在符号中注写位置见表7-4。

表7-4 表面粗糙度符号画法、符号、代号（GB/T 131—1993）

符号画法		轮廓线的线宽 b	0.35	0.5	0.7	1	1.4	2	2.8
		数字与大写字母（或小写字母）的高度 h	2.5	3.5	5	7	10	14	20
		符号的线宽 d' 数字和字母的笔画宽度 d	0.25	0.35	0.5	0.7	1	1.4	2
		高度 H_1	3.5	5	7	10	14	20	28
		高度 H_2	8	11	15	21	30	42	60

(续)

表面粗糙度参数及注写位置	(符号图示)	a—表面粗糙度参数允许值(μm) b、d—加工纹理方向符号 c—加工方法、镀涂或其他表面处理 e—加工余量(mm)
符号	∨	基本符号，未指定工艺方法的表面，表示表面可用任何方法获得。当不加注表面粗糙度参数值或有关说明（如表面处理、局部热处理状况等）时，仅适用于简化代号标注
	∇	基本符号加一短划，表示表面是用去除材料的方法获得。如车、铣、钻、磨、剪切、抛光、腐蚀、电火花加工、气割等
	∨̇	基本符号加一小圆，表示表面是用不去除材料的方法获得。如铸、锻、冲压变形、热轧、冷轧、粉末冶金等，或者是用于保持原供应状况的表面（包括保持上道工序的状况）
代号	√Ra3.2	表示表面是用去除材料的方法获得，Ra 的上限值 3.2μm
	√Ramax6.3	表示不允许去除材料，表面粗糙度最大高度极限值 6.3μm
	√Ra33.2	表示表面是用去除材料的方法获得，评定长度为 3 个取样长度，Ra 的上限值 3.2μm
	√Uaz0.8 LRa0.2	表示去除材料方法获得的表面粗糙度，Ra 的上限值 0.8μm，Ra 的下限值 0.2μm

3. 表面粗糙度符号在图样上的标注

①表面粗糙度要求对每一表面一般只标注一次，并尽可能注在相应的尺寸及其公差的同一视图上。除非另有说明，所标注的表面粗糙度要求是对完工零件表面的要求。②标注总的原则是根据 GB/T 4458.4 尺寸注法的规定，使表面粗糙度的注写和读取方向与尺寸的注写和读取方向一致。③表面粗糙度可标注在轮廓线或指引线上。符号应从材料外指向接触表面。必要时，符号可用带箭头或黑点的指引线引出标注（图 7.19，图 7.20）。④标

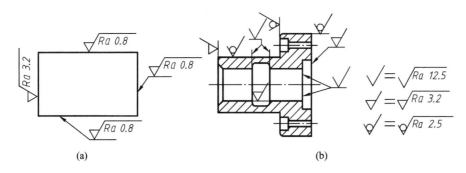

图 7.19　表面粗糙度符号标注式样一

注在特征尺寸线上(图 7.21)。⑤标注在形位公差框格的上方(图 7.22)。⑥当多个表面具有相同的表面粗糙度要求时，可以采用简化画法(图 7.23)。

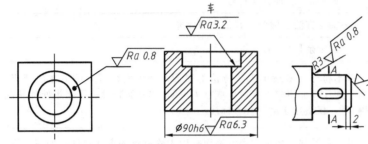

图 7.20　表面粗糙度符号标注式样二

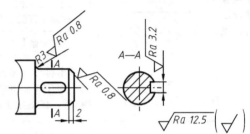

图 7.21　表面粗糙度符号标注式样三

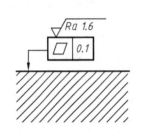

图 7.22　表面粗糙度符号标注式样四

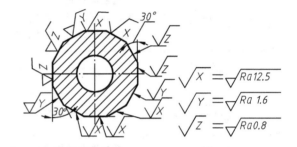

图 7.23　表面粗糙度符号标注式样五

4. 有相同表面结构要求的简化注法

如果工件的全部或多数表面有相同的表面结构要求，则其表面结构要求可统一标注在图样标题栏附近。此时(除全部表面有相同要求的情况外)在圆括号内给出无任何其他标注的基本符号(图 7.21)。

5. 多个表面有共同要求的简化注法

当多个表面具有相同的表面结构要求或图纸空间有限时，可以采用简化注法。

①用带字母的完整符号，以等式的形式，在图形或标题栏附近，对有相同表面结构要求的表面进行简化标注(图 7.23)。②根据被标注表面所用工艺方法的不同，相应地使用基本图形符号、应去除材料或不允许去除材料的扩展图形符号在图中进行标注，再在标题栏附近以等式的形式给出对多个表面共同的表面结构要求，如图 7.19(b)所示。

6. 表面粗糙度的选用

表面粗糙度是保证零件表面质量的技术要求。它的选用既要满足零件表面的功用，又要考虑零件加工的经济合理。因此在满足功用的前提下，尽量选用较大的数值，以减小生产成本。具体选用时常采用类比法，工作表面的数值应小于非工作表面的数值，配合表面的数值应小于非配合表面的数值，相对运动速度高的表面的数值应小于运动速度低的表面的数值。Ra 数值与其相对应的加工方法和应用举例见表 7-5。

表 7-5 Ra 数值与其相对应的加工方法和应用举例

Ra/μm	表面特征	主要加工方法	应用举例
50	明显可见刀痕	粗车、粗铣、粗刨、钻、粗纹锉刀和粗砂轮加工	为表面精度最低的加工面，一般很少应用
25	可见刀痕		
12.5	微见刀痕	粗车、刨、立铣、平铣、钻	
6.3	可见加工痕迹		
3.2	微见加工痕迹	精车、精铣、精刨、铰、镗、粗磨等	没有相对运动的零件接触面，如箱、盖、套筒要求紧贴的表面、键和键槽工作表面；相对运动速度不高的接触面，如支架孔、衬套、带轮轴孔的工作表面
1.6	看不见加工痕迹		
0.80	可辨加工痕迹方向		
0.40	微辨加工痕迹方向	粗车、精铰、精拉、精镗、精磨等	要求很好配合的接触面，如与滚动轴承配合的表面、锥销孔等；相对运动速度较高的接触面，如滚动轴承的配合表面，齿轮轮齿的工作表面等
0.20	不可辨加工痕迹方向		
0.10	暗光泽面		
0.05	亮光泽面	研磨、抛光、超级精细研磨等	精密量具的表面、极重要零件的摩擦面，如汽缸的内表面、精密机床的主轴颈、坐标镗床的主轴颈等
0.025	镜状光泽面		
0.012	雾状镜面		

7.4.2 极限与配合

对零件功能尺寸的精度控制是重要的技术要求，控制的办法是限制功能尺寸不超过设定的最大极限值和最小极限值。

极限与配合是检验产品质量的技术指标，是保证使用性能和实现互换性生产的前提，是零件图和装配图中一项重要的技术要求。相配合的零件（如轴和孔）各自达到技术要求后，装配在一起就能满足所设计的松紧程度和工作精度要求，保证实现功能并保证互换性。

1. 互换性概念

同一规格的一批零件，只需按照零件图的要求加工，任取一件，不需要经过附加的选择、修配或调整，装配到机器上，就能满足使用性能要求，零件的这种性质称为互换性。零件的互换性包括几何参数互换和功能互换两方面。国家标准中对尺寸公差与配合、形位公差及表面粗糙度等技术要求的规定，都是保证零件几何参数互换性的基础。零件具有互换性，为机器装配、修理带来方便，也为机器的现代化大生产提供了可能性。

2. 公差的有关术语

零件在加工过程中，由于机床精度、刀具磨损、测量误差等多种因素的影响，误差是不可避免的，不可能把零件的尺寸加工得绝对准确。为了保证互换性，必须将零件尺寸的加工误差限制在允许的范围内，即规定出尺寸的允许变动量，这个变动范围的大小称为尺寸公差（简称公差）。下面先以图 7.24 为例说明公差的有关术语。

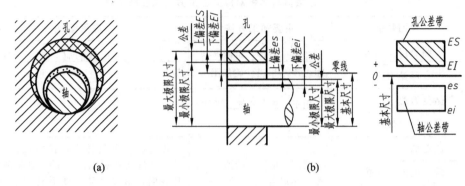

图 7.24 公差术语及公差带示意图

(1) 基本尺寸：设计者根据零件结构、工艺要求、力学性质和加工等方面的要求而确定，并按照标准尺寸系列圆整后的尺寸。

(2) 实际尺寸：实际测量获得的尺寸。

(3) 极限尺寸：允许尺寸变动的两个极限值。它是以基本尺寸为基数来确定的。两个极限值中较大的一个称为最大极限尺寸；较小的一个称为最小极限尺寸。

加工后零件尺寸的合格条件为：

$$最小极限尺寸 \leqslant 实际尺寸 \leqslant 最大极限尺寸$$

(4) 尺寸偏差：极限尺寸减去基本尺寸所得的代数差。尺寸偏差有：

$$上偏差 = 最大极限尺寸 - 基本尺寸$$
$$下偏差 = 最小极限尺寸 - 基本尺寸$$

上偏差和下偏差统称为极限偏差。它们可以为正值、负值或零。实际尺寸减去基本尺寸所得的代数差称为实际偏差。

国家标准规定：孔的上、下偏差代号用大写拉丁字母 ES、EI 表示；轴的上、下偏差代号用相应的小写字母 es、ei 表示。

(5) 尺寸公差（简称公差）：允许尺寸的变动量。可用下式表示

$$尺寸公差 = 最大极限尺寸 - 最小极限尺寸$$

或

$$尺寸公差 = 上偏差 - 下偏差$$

公差时一个没有符合的绝对值。

(6) 零线：在极限与配合图解中，表示基本尺寸的一条直线，以其为基准确定偏差和公差。通常，零线表示基本尺寸，沿水平方向绘制，正偏差位于其上，负偏差位于其下，如图 7.26 所示。

(7) 公差带和公差带图：为便于分析尺寸公差，以基本尺寸为基准（零线），用放大间距的两条直线表示上、下偏差，由上下偏差组成的区域称为公差带，它反映了公差的大小和距零线的位置。公差带与基本尺寸的关系按放大比例画成简图，称为公差带图。公差带方框的左右长度根据需要任意确定，如图 7.24(b) 所示。

图 7.25(a) 是一对基本尺寸相同的孔、轴配合的装配图，图 7.25(b) 和图 7.25(c) 分别是孔和轴的零件图。以轴的直径尺寸 $\phi 25^{+0.015}_{+0.002}$ 为例，则由图 7.26 可知：该轴的基本尺寸为 $\phi 25$，上偏差为 $+0.015$，下偏差为 $+0.002$，最大极限尺寸为 $\phi 25.015$，最小极限尺寸

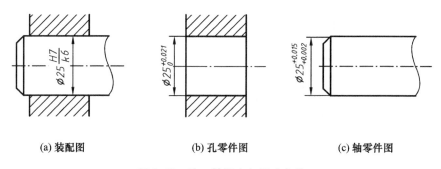

(a) 装配图　　　　　(b) 孔零件图　　　　　(c) 轴零件图

图 7.25　孔、轴配合与尺寸公差

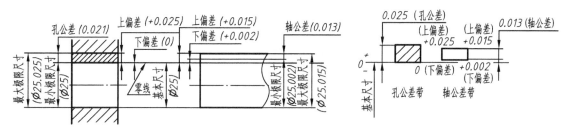

图 7.26　孔、轴公差带图

为 $\phi25.002$，公差为 $\phi25.015 - \phi25.002 = (+0.015) - (+0.002) = 0.013$。即该轴的实际直径在 $\phi25.015$ 和 $\phi25.002$ 之间为合格。

(8) 标准公差和公差等级：标准公差是在国家标准表中所列出的，用以确定公差带大小的任一公差。

公差等级是确定尺寸精确程度的等级制度。国家标准对 3～500mm 的基本尺寸规定了 20 个公差等级，即 IT01、IT0、IT1、IT2 … IT18。其中，IT 为标准公差代号，数字表示公差等级代号。等级数值越小，表示精度越高。选用公差等级的原则是在满足使用要求的前提下，尽可能选择较低的公差等级。在一般机器的配合尺寸中，孔用 IT6～IT12，轴用 IT5～IT12。

(9) 基本偏差：国家标准表中列出的用以确定公差带相对于零线位置的上偏差或下偏差，称为基本偏差。一般是指公差带靠近零线的那个偏差。当公差带位于零线上方时，基本偏差为下偏差，当公差带位于零线下方时，基本偏差为上偏差。

为了满足各种配合要求，国家标准分别对孔和轴各规定 28 个不同的基本偏差，按顺序排成了基本偏差系列，如图 7.27 所示。其中孔的基本偏差代号用大写的拉丁字母表示，轴的基本偏差代号用小写的拉丁字母表示。

由图 7.21 可知，孔的基本偏差，从 A～H 为下偏差，从 J～ZC 为上偏差；轴的基本偏差，从 a～h 为上偏差，从 j～zc 为下偏差。

(10) 公差带代号：孔、轴公差带代号由基本偏差代号和公差等级代号组成（图 7.28），要求用同一大小字号书写。如 H7、F6、G7 等为孔公差带代号，h7、f8、g7 等为轴公差带代号。

3. 配合与配合基准制

1) 配合

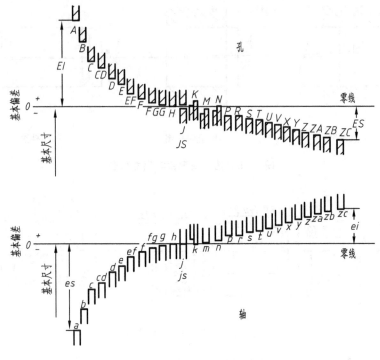

图 7.27 基本偏差系列示意图

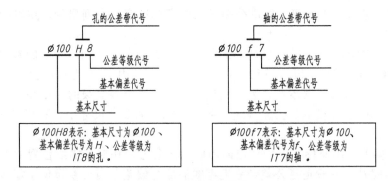

图 7.28 公差带代号

在机器装配中,将基本尺寸相同的、相互结合的孔和轴公差带之间的关系,称为配合。

当孔的实际尺寸大于轴的实际尺寸时就产生间隙;当孔的实际尺寸小于轴的实际尺寸时,就会产生过盈。或者说,孔的实际尺寸与之相配合的轴的实际尺寸之差为正时是间隙配合,尺寸之差为负时是过盈配合。根据这种配合的松紧程度,配合可分为以下三大类。

(1) 间隙配合:只能具有间隙(包括最小间隙等于零)的配合。此时孔的公差带位于轴公差带之上,如图 7.29(a)所示。

(2) 过盈配合:只能具有过盈(包括最小过盈等于零)的配合。此时孔的公差带位于轴公差带之下,如图 7.29(b)所示。

（3）过渡配合：可能产生间隙、也可能产生过盈的配合，但其间隙或过盈值都不大。此时孔和轴的公差带相互交叠，如图7.29(c)所示。

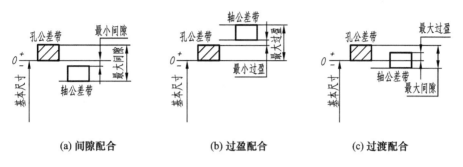

图7.29 三类配合中孔、轴的公差带关系

2）配合基准制

配合制是同一极限制的孔和轴组成配合的一种制度。采用配合制是为了统一基准件的极限偏差，从而达到减少定值刀具、量具的规格和数量，获得最大的技术经济效益。要得到各种性质的配合，就必须在保证获得适当间隙或过盈的条件下，确定孔和轴的公差带。国家标准配合制规定了基孔制和基轴制两种配合制度。一般应优先采用基孔制。

（1）基孔制配合：基本偏差为一定的孔的公差带，与不同基本偏差的轴的公差带形成各种配合的一种制度，如图7.30(a)所示。基孔制配合中的孔称为基准孔。基准孔的基本偏差代号为H。H公差带位于零线之上，基本偏差（即下偏差）为零。

（2）基轴制配合：基本偏差为一定的轴的公差带，与不同基本偏差的孔的公差带形成各种配合的一种制度，如图7.30(b)所示。基轴制配合中的轴称为基准轴。基准轴的基本偏差代号为h。h的公差带位于零线之下，基本偏差（即上偏差）为零。

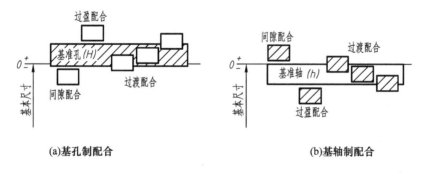

图7.30 两种配合制

结合图7.21基本偏差系列示意图可知，由于基准孔和基准轴的基本偏差代号为H和h，因此与a～h和A～H相配合，一定会组成间隙配合，与j～zc和J～ZC相配合，一定形成过渡或过盈配合。

4. 优先和常用配合

根据机械工业产品的实际需要，国家标准"公差带和配合的选择"在基本尺寸至

500mm 的范围内，规定一优先选用、其次选用和最后选用的孔、轴公差带及相应的优先和常用的配合，见表7-6、表7-7。表中左上角标有符号"▼"为优先配合。优先配合中轴和孔的极限偏差可见附录。

表7-6 基本尺寸至500mm 基孔制优先、常用配合

基准孔	轴																				
	a	b	c	d	e	f	g	h	js	k	m	n	p	r	s	t	u	v	x	y	z
	间隙配合								过渡配合				过盈配合								
H6						$\frac{H6}{f5}$	$\frac{H6}{g5}$	$\frac{H6}{h5}$	$\frac{H6}{js5}$	$\frac{H6}{k5}$	$\frac{H6}{m5}$	$\frac{H6}{n5}$	$\frac{H6}{p5}$	$\frac{H6}{r5}$	$\frac{H6}{s5}$	$\frac{H6}{t5}$					
H7						$\frac{H7}{f6}$	▼$\frac{H7}{g6}$	▼$\frac{H7}{h6}$	$\frac{H7}{js6}$	▼$\frac{H7}{k6}$	$\frac{H7}{m6}$	▼$\frac{H7}{n6}$	$\frac{H7}{p6}$	$\frac{H7}{r6}$	▼$\frac{H7}{s6}$	$\frac{H7}{t6}$	▼$\frac{H7}{u6}$	$\frac{H7}{v6}$	$\frac{H7}{x6}$	$\frac{H7}{y6}$	$\frac{H7}{z6}$
H8					$\frac{H8}{e7}$	▼$\frac{H8}{f7}$	$\frac{H8}{g7}$	▼$\frac{H8}{h7}$	$\frac{H8}{js7}$	$\frac{H8}{k7}$	$\frac{H8}{m7}$	$\frac{H8}{n7}$	$\frac{H8}{p7}$	$\frac{H8}{r7}$	$\frac{H8}{s7}$	$\frac{H8}{t7}$	$\frac{H8}{u7}$				
				$\frac{H8}{d8}$	$\frac{H8}{e8}$	$\frac{H8}{f8}$		$\frac{H8}{h8}$													
H9			$\frac{H9}{c9}$	▼$\frac{H9}{d9}$	$\frac{H9}{e9}$	▼$\frac{H9}{f9}$		▼$\frac{H9}{h9}$													
H10			$\frac{H10}{c10}$	$\frac{H10}{d10}$				$\frac{H10}{h10}$													
H11	$\frac{H11}{a11}$	$\frac{H11}{b11}$	▼$\frac{H11}{c11}$	$\frac{H11}{d11}$				▼$\frac{H11}{h11}$													
H12		$\frac{H12}{b12}$						$\frac{H12}{h12}$													

1. 标注▼的配合为优先配合
2. H6/n5，H7/p6 在基本尺寸小于或等于3mm 和 H8/r7 在小于或等于100mm 时为过渡配合

表7-7 基本尺寸至500mm 基轴制优先、常用配合

基准轴	孔																				
	A	B	C	D	E	F	G	H	Js	K	M	N	P	R	S	T	U	V	X	Y	Z
	间隙配合								过渡配合				过盈配合								
h5						$\frac{F6}{h5}$	$\frac{G6}{h5}$	$\frac{H6}{h5}$	$\frac{Js6}{h5}$	$\frac{K6}{h5}$	$\frac{M6}{h5}$	$\frac{N6}{h5}$	$\frac{P6}{h5}$	$\frac{R6}{h5}$	$\frac{S6}{h5}$	$\frac{T6}{h5}$					
h6						$\frac{F7}{h6}$	▼$\frac{G7}{h6}$	▼$\frac{H7}{h6}$	$\frac{Js7}{h6}$	▼$\frac{K7}{h6}$	$\frac{M7}{h6}$	▼$\frac{N7}{h6}$	$\frac{P7}{h6}$	$\frac{R7}{h6}$	▼$\frac{S7}{h6}$	$\frac{T7}{h6}$	▼$\frac{U7}{h6}$				

(续)

基准轴	孔																				
	A	B	C	D	E	F	G	H	Js	K	M	N	P	R	S	T	U	V	X	Y	Z
	间隙配合								过渡配合			过盈配合									
h7					$\frac{E8}{h7}$	$\frac{F8}{h7}$		$\frac{H8}{h7}$	$\frac{Js8}{h7}$	$\frac{k8}{h7}$	$\frac{M8}{h7}$	$\frac{N8}{h7}$									
h8				$\frac{D8}{h8}$	$\frac{E8}{h8}$	$\frac{F8}{h8}$		$\frac{H8}{h8}$													
h9				$\frac{D9}{h9}$	$\frac{E9}{h9}$	$\frac{F9}{h9}$		$\frac{H9}{h9}$													
h10				$\frac{D10}{h10}$				$\frac{H10}{h10}$													
h11	$\frac{A11}{h11}$	$\frac{B11}{h11}$	$\frac{C11}{h11}$	$\frac{D11}{h11}$				$\frac{H11}{h11}$													
h12		$\frac{B12}{h12}$						$\frac{H12}{h12}$	标注▼的配合为优先配合												

5. 极限与配合的标注(GB 4458—1984)

1) 尺寸公差在装配图中的标注

装配图中,在零件间有配合要求的地方,必须标出配合代号。配合代号由两个相互配合的孔、轴公差带代号组成,用分数形式表示,分子为孔的公差带代号(用大写字母),分母为轴的公差带代号(用小写字母)。标注形式为:

$$基本尺寸\frac{孔公差带代号}{轴公差带代号}$$

配合代号在图样中的标注如图 7.31(a)所示。图中标注"$\phi 65 \frac{H7}{k6}$"还可以标注为"$\phi 65 \frac{^{+0.030}_{0}}{^{+0.021}_{+0.002}}$"(图 7.31(b)),或者"$\phi 65 \frac{H7(^{+0.030}_{0})}{k6(^{+0.021}_{+0.002})}$"(图 7.31(c))。当标准件(如滚动轴承)与其他零件的孔或轴配合时,只标注相配零件的公差带代号。如图 7.31(e)滚动轴承内圈孔与轴的配合及外圈与外壳孔的配合标注。

2) 尺寸公差在零件图中的标注

零件图中,尺寸公差的标注有3种形式。

(1) 标注公差带代号。在基本尺寸后面标注尺寸公差带代号,如图 7.31(b)所示的 $\phi 65H7$ 和 $\phi 65k6$。

(2) 标注极限偏差值。在基本尺寸后面标注上、下偏差值。标注时注意偏差值数字比尺寸数字小一号字，如图 7.31(c)所示的 $\phi 65^{+0.021}_{+0.002}$、$\phi 65^{+0.030}_{0}$；若上、下偏差数字相同，符号相反时，其偏差数字与尺寸数字字号相同(如 $\phi 65 \pm 0.015$)。

（3）同时标注公差带代号和极限偏差值。在基本尺寸后面标注尺寸公差带代号，再用括号标注上、下偏差数值，如图 7.31(d)所示的 $\phi 65k6^{+0.021}_{+0.002}$。

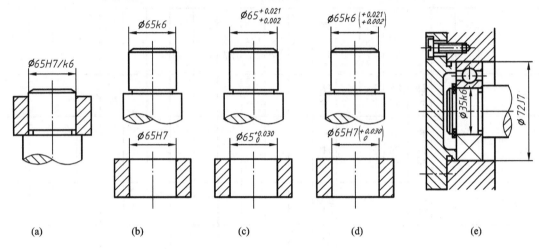

图 7.31 公差与配合的标注

【例 7.3】 查表写出 $\phi 30H7/f6$ 的轴、孔偏差数值。

从该配合代号中可以看出：孔、轴基本尺寸为 $\phi 30$，孔为基准孔，公差等级 7 级；相配的轴基本偏差代号为 f，公差等级 6 级，属基孔制间隙配合。

（1）查 $\phi 30H7$ 基准孔。在附表 3-1 中由基本尺寸 24～30 的横行与 H7 的纵列相交处，查得上偏差为+0.021，下偏差为 0。因此，0.021 就是该基准孔的公差。也可在标准公差附表 3-8 中查得，在基本尺寸大于 18～30 的横行与 IT7 的纵列相交处找到 21μm(即 0.021mm)，可知该基准孔的上偏差为+0.021，其下偏差为 0。

（2）查 $\phi 30f6$ 轴。在附表 3-6 中，由基本尺寸大于 24～30 的横行与 f6 的纵列相交处，查得上、下偏差为 $^{-20}_{-33}\mu m$，所以 $\phi 30f6$ 可写成 $\phi 30^{-0.020}_{-0.033}$。

7.4.3 形状和位置公差简介

形状和位置公差简称形位公差，它是针对构成零件几何特征的点、线、面的形状和位置误差所规定的公差。形状误差是指线和面的实际形状对其理想形状的变动量。位置误差是指点、线、面的实际方向和位置对其理想方向和位置的变动量。形位误差对机器零件的安装和使用性能有很大的影响。加工后的零件不仅尺寸存在误差，而且几何形状和相对位置也存在误差。为了满足使用要求，零件结构的几何形状和相对位置则由形状公差和位置公差来保证。

形位公差的研究对象是构成零件几何特征的点、线、面。这些点、线、面统称为几何要素(简称要素)。

（1）实际要素：零件上实际存在的要素。通常用测量得到的要素来代替。

（2）被测要素：在图样上给出了形状或位置公差要求的要素，是检测的对象。

（3）基准要素：用来确定被测要素方向或位置的要素，即具有几何学意义的要素。它是按照设计要求,由设计图样给定的点、线、面的理想状态。

1) 形位公差的项目及其符号

形位公差各项目的符号见表7-8。

表7-8 形位公差各项目的符号

公差	特征项目	符号	公差		特征项目	符号
形状	直线度	—	位置	定向	平行度	∥
	平面度	▱			垂直度	⊥
	圆度	○			倾斜度	∠
	圆柱度	⌭		定位	同轴度	◎
					对称度	=
					位置度	⌖

2) 几何公差带定义及标注示例

几何公差带:由一个或几个理想的几何线或面所限定的,由线性公差值表示其大小的区域。

公差带的形状有:一个圆内的区域、两同心圆之间的区域、两等距线或平行直线之间的区域。

公差带的宽度方向为被测要素的法向。除非另有说明,方向公差带的宽度方向为指引箭头方向,与基准成0°或90°。

表7-9和表7-10分别列举了形状公差带和方向公差带的定义并按独立原则标注的方法。在表内公差带示意图中,粗短线和细短线(不可见)表示提取要素;公差带界限、公差平面用细实线和细虚线(不可见)表示;基准用粗长画双短画线和细长画双短画线(不可见)表示。

表7-9 形位公差各项目的符号含义

项目	符号	公差带的定义	标注及解释
直线度	—	由于公差值前加了符号φ,公差带为直径φt的圆柱面所限定的区域 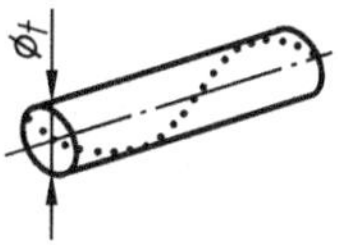	外圆柱面的提取(实际)中心线应限定在直径等于φ0.04的圆柱面内 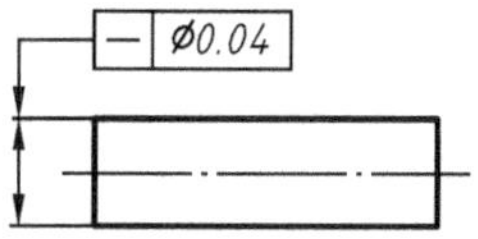
直线度	—	公差为间距等于公差值t的两平行平面所限定的区域 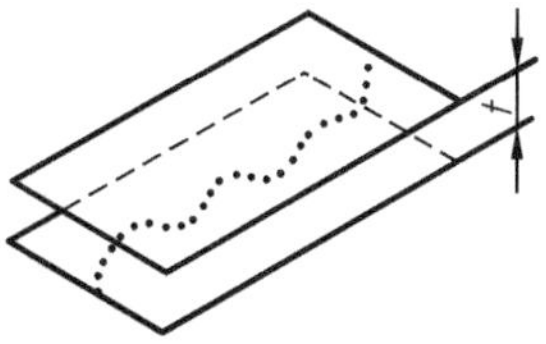	提取(实际)的棱边,应限定在间距等于0.1的两平行平面之间 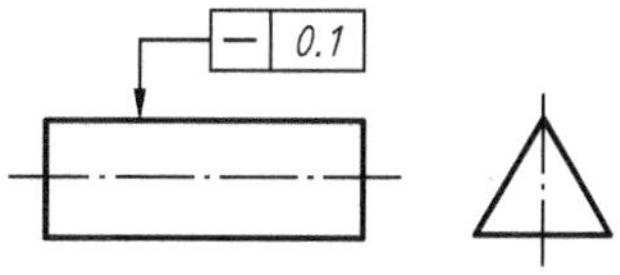

（续）

项目	符号	公差带的定义	标注及解释
直线度	—	公差带为在给定平面内和给定方向上，间距等于公称值 t 的两平行直线所限定的区域 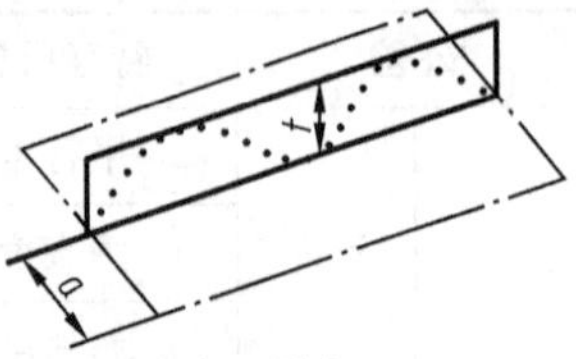 a-任一距离	在任一平行于图示投影面的平面内，上平面的提取（实际）线应限定在间距等于 0.02 的两平行直线之间 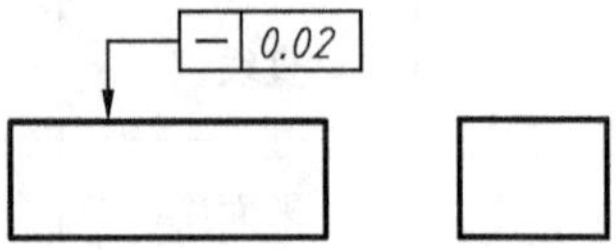
平面度	▱	公差带为间距等于公差值 t 的两平行平面所限定的区域 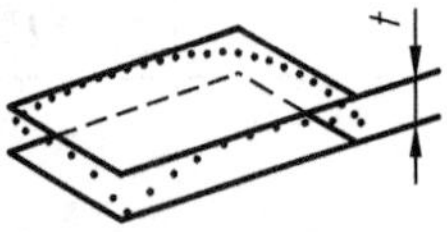	提取（实际）表面应限定在间距等于 0.08 的两平行平面之间 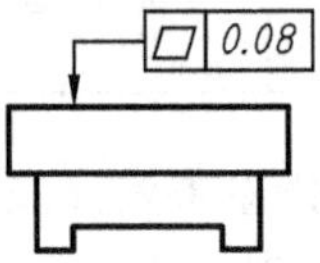
圆度	○	公差带为在任意横截面内半径差等于公差值 t 的两同心圆所限定的区域 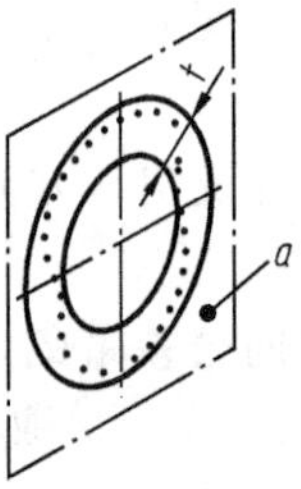 a-任一横截面	在圆柱面的任意横截面内，提取（实际）圆周应限定在半径差为 0.03 的两同心圆之间 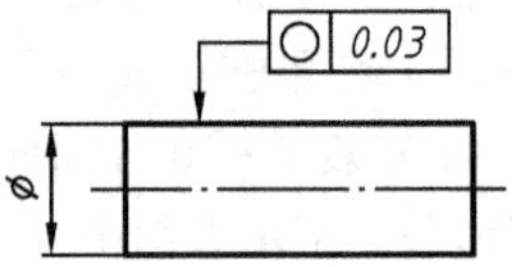
圆柱度	⌭	公差带为半径差等于公差值 t 的两同轴圆柱面所限定的区域 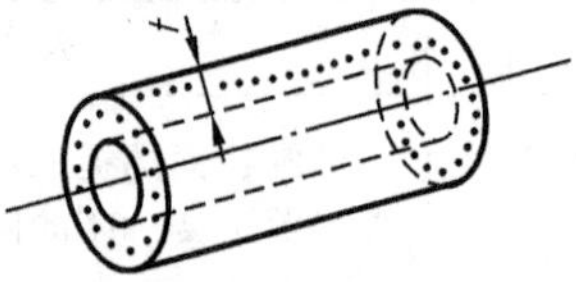	提取（实际）圆柱面应限定在半径差等于 0.01 的两同轴圆柱面之间 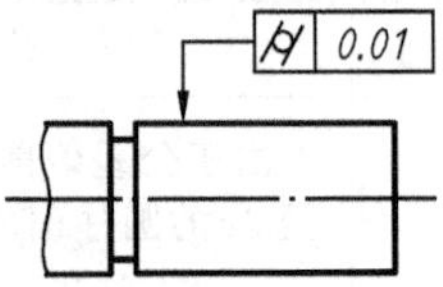

表 7-10　几何公差带定义及标注示例

项目	符号	公差带的定义	标注及解释
平行度	∥	1) 线对基准线 ① 给定一个方向 公差带是间距为公差值 t，平行于基准轴线的两平行平面所限定的区域 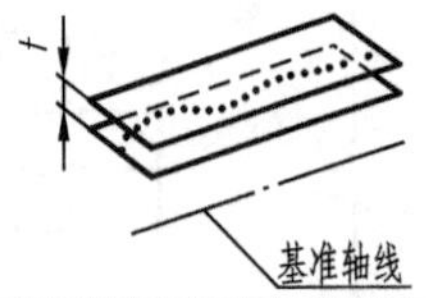 基准轴线	提取（实际）中心线应限定在间距等于 0.1 且平行于基准轴线 A 的两平行平面之间 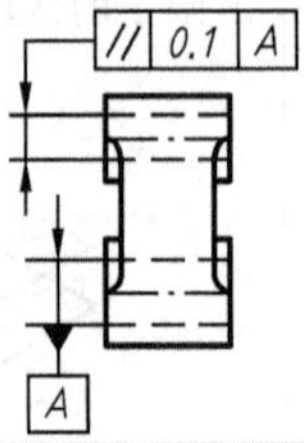

(续)

项目	符号	公差带的定义	标注及解释
平行度	//	② 给定相互垂直的两个方向 公差带为平行于基准轴线，间距分别等于 t_1 和 t_2 且互相垂直的两组平行平面所限定的区域	提取（实际）中心线应限定在平行于基准轴线 A、间距分别等于 0.2 和 0.1，且到互相垂直的两组平行平面之间
		③ 任意方向 若在公差值前加注 ϕ，公差带为直径等于公差值 ϕt，且平行于基准轴线的圆柱面内	提取（实际）中心线应限定在平行于基准轴线 A、直径等于 $\phi 0.1$ 的圆柱面内
		2）线对基准面 公差带为间距等于公差值 t，且平行于基准平面的两平行平面所限定的区域	提取（实际）中心线限定在间距为 0.03，且平行于基准平面 A 的两平行平面之间
		3）面对基准线 公差带是间距为公差值 t，且平行于基准轴线的两行平面所限定的区域	提取（实际）表面应限定在间距等于 0.04，且平行于基准轴线 A 的两平行平面之间
		4）面对基准面 公差带是间距为公差值 t，且平行于基准平面的两平行平面所限定的区域	提取（实际）表面应限定在间距等于 0.1，平行于基准平面 A 的两平行平面之间

(续)

项目	符号	公差带的定义	标注及解释
垂直度	⊥	1) 线对基准面 若公差值前加注 ϕ，公差带是直径为公差值 ϕt，且垂直于基准平面的圆柱面内 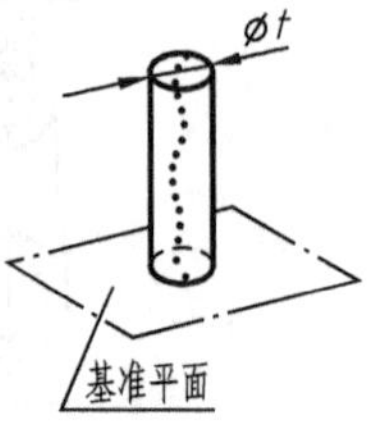	提取（实际）中心线应限定在直径等于 $\phi 0.1$ 且垂直于基准平面 A 的圆柱面内 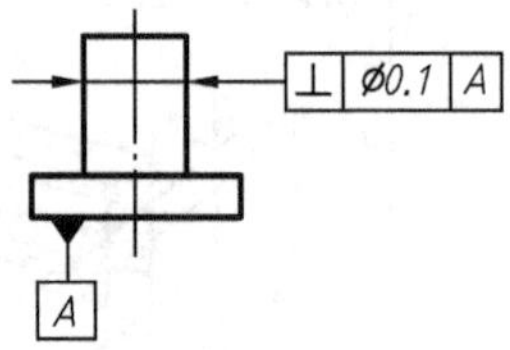
		2) 面对基准线 公差带是间距为公差值 t，且垂直于基准轴线的两平行平面所限定的区域 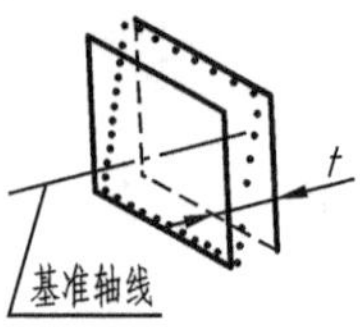	提取（实际）平面应限定在间距等于 0.2，且垂直于基准轴线 A 的两平行平面之间 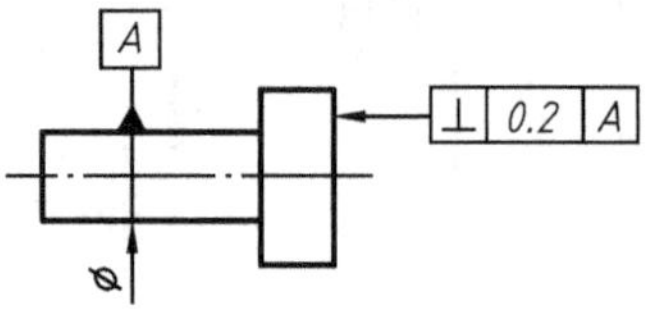
		3) 面对基准面 公差带是间距为公差值 t，且垂直于基准平面的平行平面所限定的区域 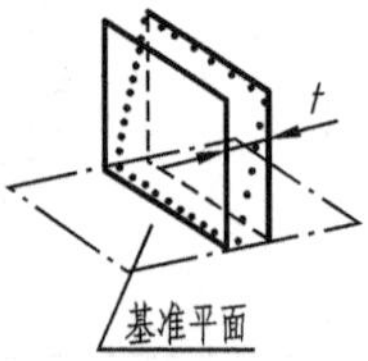	提取（实际）平面应限定在间距等于 0.03，且垂直于基准平面 A 的平行平面之间 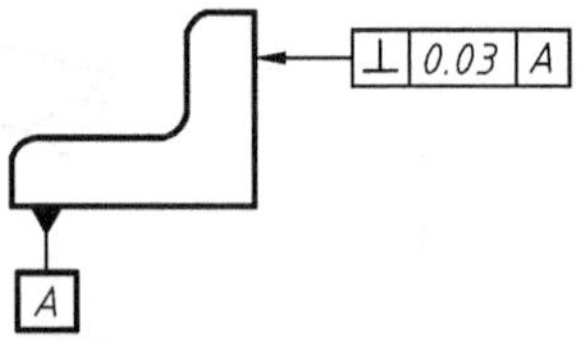

7.4.4 形状和公差的注法

国标 GB/T 1182—1996 规定，形位公差在图样中应采用代号标注。代号由公差项目符号、框格、指引线、公差数值和其他有关符号组成。

1) 形位公差框格及其内容

形位公差框格用细实线绘制，可画两格或多格，要水平（或铅垂）放置，框格的高（宽）度是图样中尺寸数字高度的两倍，形位公差第一框格为正方形，第二、三框格长度根据需要而定。框格中的数字、字母和符号与图样中的数字同高，框格内由左至右（或由下至上）填写的内容为：第一格为形位公差项目符号，第二格为形位公差数值及其有关符号，以后各格为基准代号的字母及有关符号，如图 7.32、图 7.33 所示。

2) 被测要素的注法

见表 7-11。

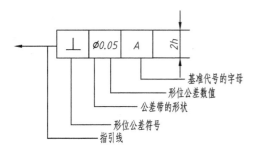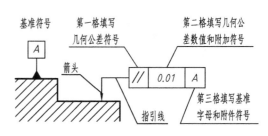

图 7.32 形位公差框格代号　　　　图 7.33 形位公差注法

表 7-11 被测要素的标注方法

序号	解释	图例
1	当公差涉及轮廓线或轮廓面时,箭头指向该要素的轮廓线,也可指向轮廓线的延长线,但必须与尺寸线明显错开	
2	当公差涉及要素的中心线、中心面或中心点时,箭头应位于相应尺寸线的延长线上被测要素指引线的箭头可代替一个尺寸箭头	
3	公差框格的箭头也可指向引出线的水平线,带黑点的指引线引自被测面	
4	当公差涉及圆锥体的中心线时,指引线应对准圆锥体的大端或小端的尺寸线。也可在图上任意处添加一空白尺寸,将框格标注的箭头画在尺寸线的延长线上	
5	仅对被测要素的局部提出几何公差要求,可用粗点画线画出其范围,并标注尺寸	

序号	解释	图例
6	对同一要素有一个以上的几何特征公差要求时,可将多个框格上下相连,整齐排列	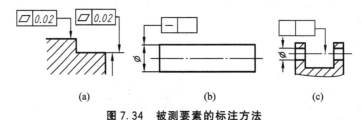
7	若干个分离要素有相同几何公差要求时,可用同一公差框格多条指引线标注	

3) 基准要素的注法

基准代号由三角形(实心或空心)、连线和字母组成。正方形高度与连线长度相同,正方形内填写基准的字母符号。无论基准代号在图样上的方向如何,正方形内的字母均应水平书写。正方形和连线用细实线绘制,连线必须与基准要素垂直。基准代号注法如图 7.34 所示。基准要素的标注方法见表 7-12。

图 7.34 被测要素的标注方法

表 7-12 基准要素的标注方法

序号	解释	图例
1	当基准要素是轮廓线或轮廓面时,基准三角形放置在要素的轮廓线或其延长线上,必须与尺寸线明显地错开	
2	当基准是尺寸要素确定的轴线、中心平面或中心点时,基准三角形应放置在该尺寸线的延长线上。如果没有足够的位置标注基准要素尺寸的两个尺寸箭头,则其中一个箭头可用基准三角形代替	
3	基准三角形也可放置在轮廓面引出线的水平线上	
4	仅用要素的局部而不是整体作为基准要素时,可用粗点画线画出其范围,并标注尺寸	

公差数值表示公差带的宽度或直径，当公差带是圆或圆柱时，应在公差数值前加"φ"；若公差带为球，则应在公差数值前加注"Sφ"。

4）形位公差标注示例

形位公差标注的综合举例，如图 7.35 所示。

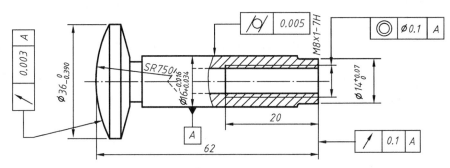

图 7.35 阀杆形位公差标注综合举例

图中：

◇ 0.005 表示该阀杆杆身 φ16 的圆柱度公差为 0.005mm。

◎ φ0.1 A 表示 M8×1－7H 螺孔的轴线对 $\phi 16_{-0.034}^{-0.016}$ 轴线的同轴度公差为 φ0.1mm。

✓ 0.1 A 表示阀杆右端面对 $\phi 16_{-0.034}^{-0.016}$ 轴线的圆跳动公差为 0.1mm。

7.4.5 热处理和表面处理

零件图中还有一些其他的技术要求，如材料的热处理、表面处理及硬度指标等。

1）热处理

金属的热处理是指将工件放到一定的介质中经历加热、保温和冷却的工艺过程，从而改变金属的组织结构，以改善其使用性能及加工性能，如提高硬度、增加塑性等。常用的热处理工艺方法有：淬火、正火、退火、回火等。

2）表面处理

表面处理是指在金属表面增设保护层的工艺方法。它具有改善材料表面机械物理性能、防止腐蚀、增强美观等作用。常用的表面处理工艺方法有：表面淬火、渗碳、发蓝、发黑、镀铬、涂漆等。

3）硬度

在金属材料的机械性能中，硬度是零件加工过程中经常用到的一个指标。因此，它经常在零件图的技术要求中出现。常见的硬度值有：布氏硬度(HB)、洛氏硬度(HRC)和维氏硬度(HV)。

7.5 零件的常见工艺结构

零件的结构形状应满足设计要求和工艺要求。零件的结构设计既要考虑工艺美学、造型学，更要考虑工艺可能性、方便性。零件上的常见结构，多数是通过铸造（或锻造）和机械加工获得的，故称为工艺结构。了解零件上常见的工艺结构是学习零件图的基础。

7.5.1 零件的铸造工艺结构

1. 铸造圆角

为便于铸件造型，避免从砂型中起模时砂型转角处落砂及浇注时铁水将砂型转角处冲毁，同时金属冷却时要收缩，为了防止铸件转角处产生裂纹、组织疏松和缩孔等铸造缺陷，因此铸件上相邻表面的相交处应做成圆角，如图 7.36、图 7.37 所示。对于压塑件，其圆角能保证原料充满压模，并便于将零件从压模中取出。

铸造圆角半径一般取壁厚的 0.2~0.4 倍，可从有关标准中查出。同一铸件的圆角半径大小应尽量相同或接近，如图 7.38 所示。

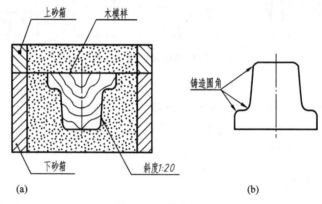

图 7.36 铸造圆角

图 7.37 铸造圆角　　　　图 7.38 铸造圆角半径尽量相同或接近

按图样的简化原则，GB/T 16675.1—1996 中指出，除确属需要表示的某些圆角外，其他圆角在零件图中均可不画出，但必须注明尺寸，或在技术要求中加以注明。

2. 起模斜度

造型时，为了便于将木模从砂型中取出，在铸件的内、外壁上沿起模方向常设计出一定的斜度，称为起模斜度，如图 7.38 和图 7.39 所示。起模斜度的大小通常为 1∶100~1∶20。如果起模斜度不大于 3°时，图中可以不画出也不标注，但应在技术要求中加以注明。

3. 铸件壁厚

在浇铸零件时，为了避免铸件冷却时产生内应力而造成裂纹或缩孔（在肥厚处产生组织疏松以致缩孔，薄厚相间处产生裂纹），铸件壁厚应均匀或逐渐过渡，内部的壁厚应适当减小，使整个铸件能均匀冷却，如图 7.39 所示。

有时壁厚在图中可不标注，而在技术要求中注写，如"未注明壁厚为 5mm"。为了便于制模、造型、清砂、去除浇冒口和机械加工，铸件形状应尽量简化，外形尽可能平直，内壁应减少凹凸结构，如图 7.40 所示。

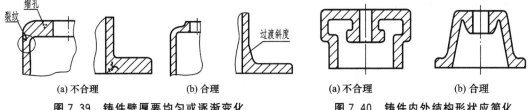

图 7.39　铸件壁厚要均匀或逐渐变化　　　　图 7.40　铸件内外结构形状应简化

铸件厚度过厚易产生裂纹、缩孔等铸件缺陷，但厚度过薄又使铸件强度不够，为避免由于厚度减薄对强度的影响，可用加强肋来补偿，如图 7.41 所示。

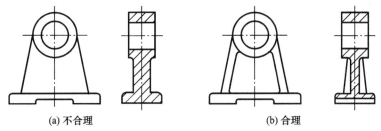

图 7.41　铸件壁厚减薄时的补偿

4. 过渡线

由于铸件表面相交处有铸造圆角存在，使得铸件表面的交线变得不太明显，为了使看图时能区分不同表面，图中交线仍要画出，这种交线通常称为过渡线。过渡线用细实线画出，它的画法与没有圆角情况下的截交线和相贯线画法基本相同。

几种常见过渡线的画法如下。

（1）两曲面相交的过渡线，不应与圆角轮廓线接触，要画到理论交点处为止，如图 7.42 所示。

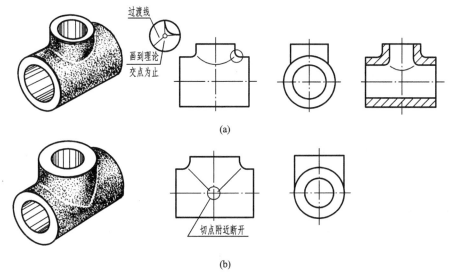

图 7.42　两曲面相交的过渡线画法

（2）平面与平面或平面与曲面相交的过渡线，应在转角处断开，并加画小圆弧，其弯向应与铸造圆角的弯向一致，如图7.43所示。

（3）肋板与圆柱面相交的过渡线，其形状取决于肋板的断面形状及相切或相交的关系，如图7.44所示。

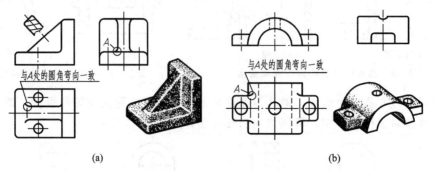

图7.43 平面与平面、平面与曲面相交的过渡线画法

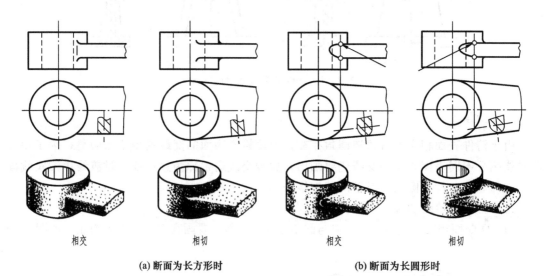

(a) 断面为长方形时　　　　(b) 断面为长圆形时

图7.44 肋板与圆柱相交、相切的过渡线画法

7.5.2 机械加工工艺对零件结构的要求

1. 倒角和圆角

为了便于装配和保护装配面，去除零件的毛刺、锐边，一般都将轴、孔的端部加工成圆台面，称为倒角，倒角一般为45°。为了避免因应力集中而产生裂纹，在轴肩处往往加工成圆角，称为倒圆。倒角与倒圆如图7.45所示。倒角和倒圆尺寸C值可查阅有关标准。GB/T 16675.2—1996中指出，在不至于引起误解时，零件图中的倒角可以省略不画，其尺寸也可以简化标注，如图7.46。

上述倒角、圆角，如图中不画也不在图中标注尺寸时，可在技术要求中注明，如"未注倒角$C2$"、"锐边倒钝"、"全部倒角$C3$"、"未注圆角$R2$"等。

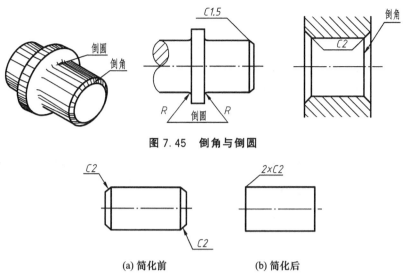

图 7.45 倒角与倒圆

图 7.46 倒角画法和尺寸注法

(a) 简化前　　　(b) 简化后

2. 退刀槽和越程槽

为了在切削或磨削零件时容易退出刀具,保证加工质量及装配时保证与相邻零件靠紧,常在零件加工表面的台肩处预先加工出退刀槽或越程槽。常见的有螺纹退刀槽、插齿空刀槽、砂轮越程槽、刨削越程槽等。图 7.47 中所示的该结构尺寸 a、b、c 等数值,可从标准中查取。

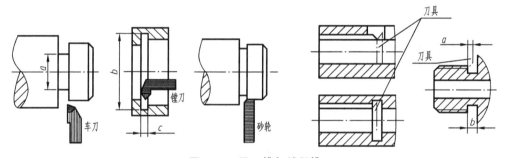

图 7.47 退刀槽与越程槽

一般的退刀槽(或越程槽),其尺寸可按"槽宽×直径"或"槽宽×槽深"的形式标注(GB/T 16675.2—1996),如图 7.48 所示。

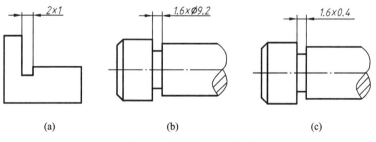

图 7.48 退刀槽的尺寸注法

3. 钻孔处结构

零件上钻孔处的合理结构如图 7.49(a)所示。用钻头钻孔时，要求钻头尽量与钻孔端面垂直，避免钻头单边受力产生偏斜或折断。如果孔端面是曲面或斜面，则应预先在钻孔端部制成平台或铣出平坑，然后再钻孔。

4. 凸台或凹坑

零件上凡是要求与其他零件接触的表面，一般都要经过机械加工。为了保证其接触性能良好，减少加工面积，通常应在铸件上设计出凸台或凹坑等结构，如图 7.50 所示。

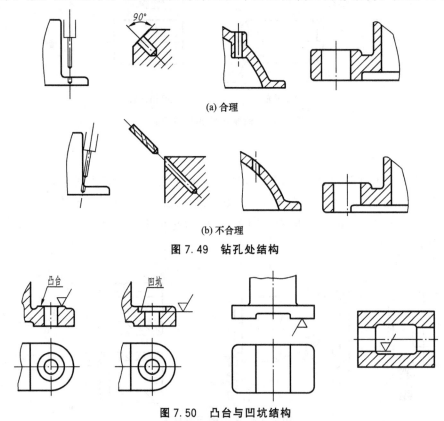

(a) 合理

(b) 不合理

图 7.49　钻孔处结构

图 7.50　凸台与凹坑结构

7.6　常见典型零件图分析

在设计、制造和检测以及零件测绘或零件图的阅读时，应根据零件的结构特点和功能，研究分析零件的结构特点和设计的合理性，对其进行归类分析，以便进行视图选择、尺寸及技术要求的标注等工作。

零件按其在部件或机器中的作用和功能不同，一般分为 3 类。

(1) 一般零件。这类零件的结构、形状及大小主要由它在部件或机器中的作用而定，如图 7.54 蜗轮箱体。

(2) 传动零件。这类零件在机器或部件中主要起传递动力的作用，如皮带轮、链轮、齿轮、蜗轮蜗杆等零件。

(3) 标准件。这类零件的结构尺寸均已标准化,如螺栓、螺柱、螺钉、螺母、键、销和滚动轴承等标准零、部件。传动零件与标准件又称为常用零件,这些知识将在第9章中介绍。

上述3类零件中,除标准件外,在设计、制造及检验中均要求画出零件图。

零件加工的常用方法有:铸造、锻造、冲压、焊接、切削加工、热处理、表面处理和塑料成形等。

零件的加工方法根据零件的功能而定,不同的功能要求有不同的结构和形状,因此也就要求有不同的加工方法。有的零件只需一种加工方法就可以达到要求,而有的零件则需要用几种方法先后进行加工(工程上称为加工工序)。最常见的是金属零件的加工,往往是先用铸造(结构较为复杂时)或锻造(机械性能要求较高时)形成毛坯,再对其形状、尺寸和表面质量要求较高部分进行切削加工,中间还要穿插热处理以改善切削性能和保证机械性能。

通常根据结构和用途相似的特点及加工制造方面的特点,将一般零件又可分为轴套类、轮盘类、叉架类、箱体类等4种类型,另外还有薄板和注塑、镶嵌类零件及焊接件等。表7-13对4类典型零件的结构特征、视图表达、尺寸标注等方面进行了分析对比。本章讨论的零件图,主要是指一般零件。

表7-13 典型零件的分析对比

类别	轴套类	轮盘类	叉架类	箱壳类
零件示例	轴、杆、套筒、轴套等,如图7.50所示	手轮、带轮、棘轮、链轮、齿轮、端盖、盘等,如图7.51所示	支架、拨叉、拉杆等零件,如图7.52所示	减速箱体、各种阀体、泵体等零件,如图7.53所示
结构特征	轴套类零件主要由不同直径的回转体组成。轴类零件一般用来支撑传动零件以传递动力;而套类零件一般装在轴上,起支撑、轴向定位等作用。它们的主要加工方法是车削、铣削和磨削等	轮一般用来传递动力和扭矩;盘、盖零件主要起支撑、轴向定位和密封作用。轮盘类零件的基本形体也大都是回转体,周围均布有轮辐、肋、小孔等结构	拨叉、拉杆等一般用于机器的变速系统和操作系统等各种机构中,通过它们来完成一定的动作;支架主要起支撑和连接作用,这类零件大都由圆筒、底板、支承板、肋板、叉口等部分组成	该类零件是部件的主体零件,一般起容纳、支撑、定位和密封等作用。这类零件结构复杂,加工位置多,且多为铸件
视图表达	由于轴套类零件主要在车床上加工,所以主视图的安放位置按主要加工位置和形状特征来确定,即轴线水平放置,主视图的投影方向垂直于轴线。视图数量的确定,一般只取一个主视图,而其他结构形状,如键槽、退刀槽、砂轮越程槽等结构和形状,一般采用断面图、局部视图、局部放大图等来补充表示	轮盘类零件大部分工序是在车床上进行的,故一般以轴线水平放置的视图作为主视图,且常画成通过轴线的全剖视图。此类零件一般需要两个基本视图表达,另外辅以断面图及其他表达方法	叉架类零件结构比较复杂,加工方法及加工工序较多,因此,主视图往往按工作位置或其形状特征来选择。要完整、清晰地表达这类零件,一般需要两个或两个以上的基本视图。另外,还需采用斜视图、向视图、局部视图和断面图等方法表达	箱体类零件的主视图常按其形状特征和工作位置来确定。一般需要3个或3个以上的基本视图来表达。内部结构形状采用各种剖视图和断面图的方法,外部结构形状则采用斜视图、局部视图及其他规定画法和简化画法来表示

(续)

类别	轴套类	轮盘类	叉架类	箱壳类
尺寸标注	轴套类零件一般选取零件轴线为径向基准，即高度和宽度方向的主要尺寸基准。其中轴类零件以台阶端面为轴向（长度方向）的主要基准；套类零件的轴向尺寸则应首先保证主要设计尺寸，其他尺寸按加工要求和顺序进行标注	轮盘类零件一般选取轴线为径向（高度和宽度）主要基准，以重要端面为轴向（长度）主要基准。此类零件端面往往均匀分布有若干小孔或螺孔，其孔心所在的分布圆周的直径是较为重要的定位尺寸	叉架类零件一般以安装基面、对称平面、主要孔、轴中心线为长、宽、高3个方向的主要尺寸基准，且每个方向上除主要基准外，往往有若干辅助基准。各方向上的定位尺寸也较多，一般体现在均布结构的中心距、主要支承部分的轴线到安装面或主要端面的距离等	箱体类零件常以轴孔中心线、对称平面、结合面及安装基面作为各方向的主要尺寸基准。定位尺寸很多，其中有些定位尺寸常有公差要求

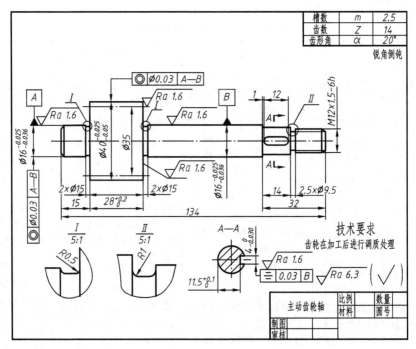

图 7.51 齿轮轴零件图

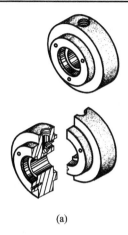

(a)

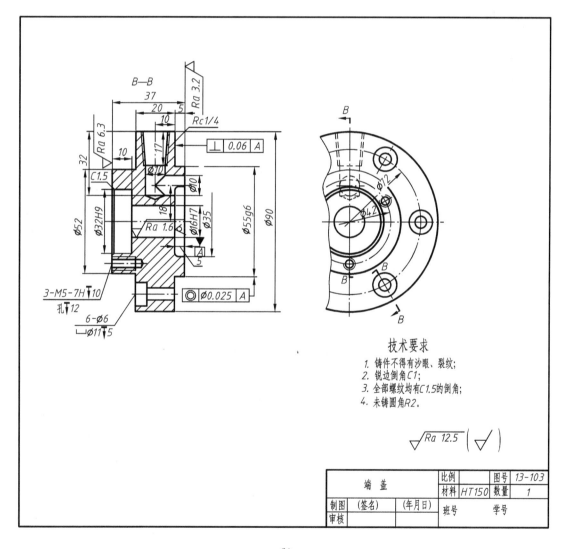

(b)

图 7.52 端盖零件图

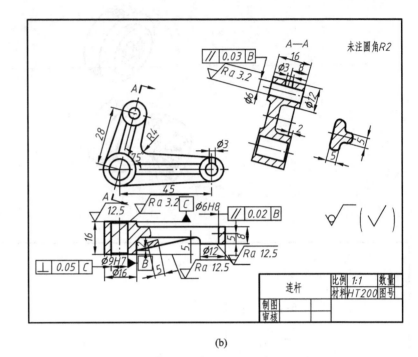

(a)   (b)

图 7.53 连杆零件图

    薄板冲压件是指那些由板材经冷冲压下料、冲孔、并经过模具冲压成型的零件。如电子、仪表设备中的底板、支架等。这类零件的弯折处为避免断裂，常做成小圆角。有时在圆角处还冲出带棱的凸筋作加强用。薄板冲压件上的孔一般都是通孔，在不致引起误解时，只在反映该孔实形的视图中画出，其余视图中不必表示。标注尺寸时，注意小孔的定位尺寸一般应注出两孔的中心距或孔中心到板边的距离。

    注塑、镶嵌类零件是把熔融的塑料压注入模具内冷却成型的，或把金属零件与非金属材料镶嵌在一起成型的。图 7.55 所示为行程开关中的支座，就是一个镶嵌零件。注塑零件的转角处有很小的圆角，各表面粗糙度值很小，如无特殊需要，一般不再经过机械加工。

    零件上还常出现一类焊接结构，这类零件称为焊接件。焊接是将需要连接的零件在连接处加热到熔化或半熔化状态后，用压力使其连接起来，或在其间加入其他熔化状态的金属，使它们冷却后连成一体。因此焊接是一种不可拆的连接。常用的焊接方法有手工电弧焊、气焊等。

    常见的焊接接头形式有对接接头（图 7.56(a)）、搭接接头（图 7.56(b)）、T 形接头（图 7.56(c)）、角接接头（图 7.56(d)）等。焊缝形式主要有对接焊缝（图 7.56(a)）、点焊缝（图 7.56(b)）和角焊缝（图 7.56(c)、图 7.56(d)）等。

    图 7.57 所示为一轴承座焊接件的焊接图。从图中的标题栏及其上方的明细栏中可知，该轴承座是由底板、支承板、筋板和轴承套筒 4 个零件焊接而成的。图中的焊缝标注表明了各构件连接处的接头形式、焊缝符号及焊缝尺寸。焊接方法在技术要求中统一说明，因此在基准线尾部不再标注焊接方法的代号。

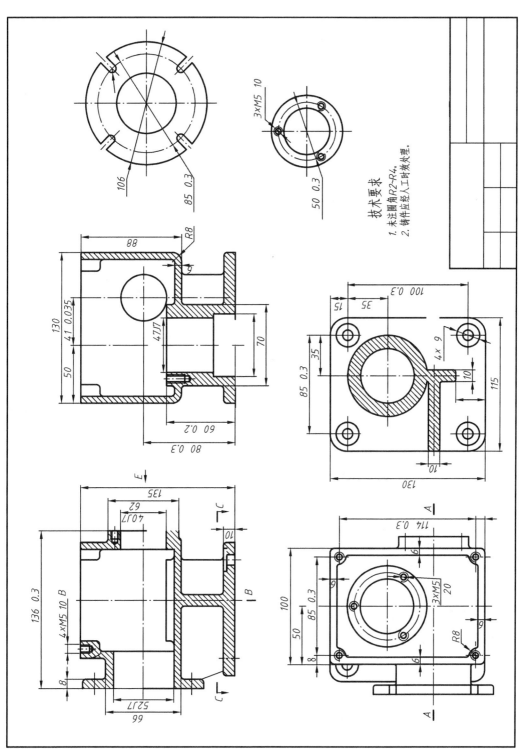

图7.54 蜗轮箱体零件图

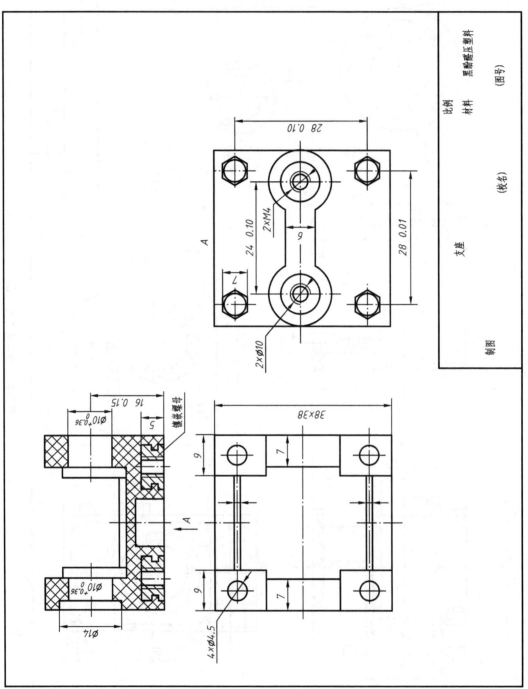

图 7.55 支座零件图(镶嵌类零件之例)

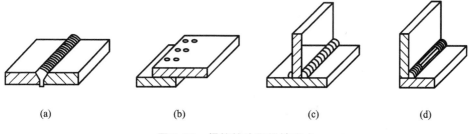

图 7.56 焊接接头和焊缝形式

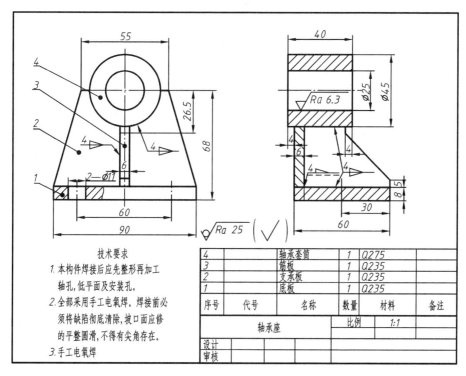

图 7.57 轴承座焊接图

7.7 零件的测绘方法

零件测绘，就是根据已有的零件实物绘制出零件草图，测量并标注尺寸，最后完成零件工作图，为机器维修或为机器设计提供技术资料。零件测绘是一项十分重要的技术工作，对培养实际工作能力具有重要意义。

常用的测量工具有钢直尺、内、外卡钳、游标卡尺和千分尺等，如图 7.58 所示。

(1) 内、外卡钳、钢直尺：内、外卡钳与钢直尺一般配合使用，常用于精度不高或毛面的尺寸测量，如图 7.59 所示。内卡钳用于测量孔、槽等结构的尺寸，外卡钳用于测量外径、孔距等，如图 7.60 所示。钢直尺可用于测量深度、高度、长度等，如图 7.61 所示。

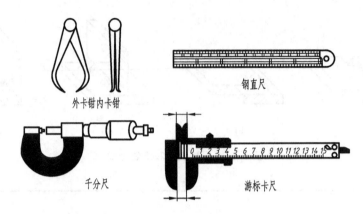

图 7.58 常用的测量工具

(2)游标卡尺:游标卡尺兼有内、外卡钳、钢直尺的功能,可测量孔、槽、外径、长度、高度等尺寸,一般用于较高精度尺寸的测量,如图 7.62 所示。

除了图 7.62 所示的普通游标卡尺外,还有深度游标尺、高度游标尺和齿轮游标卡尺等。其刻线原理和读数方法与普通游标卡尺相同,分别如图 7.63(a)、图 7.63(b)、图 7.63(c)所示。

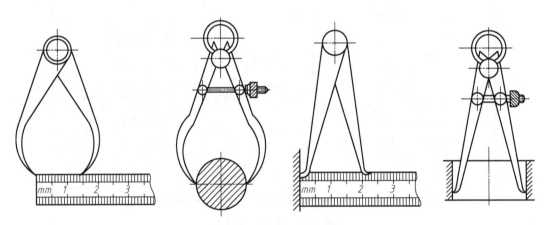

图 7.59 钢直尺和卡钳的配合使用

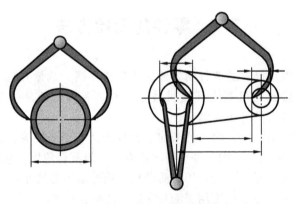

图 7.60 内径和外径的测量

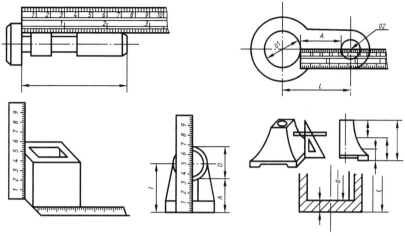

图 7.61 钢直尺测量深度、高度、长度

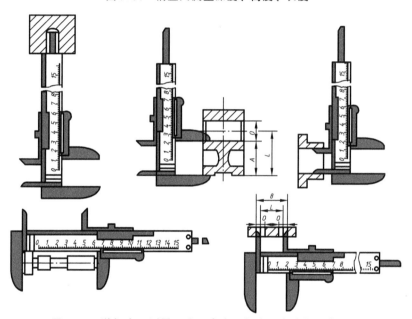

图 7.62 游标卡尺测量深度、高度、长度、内外径及中心距

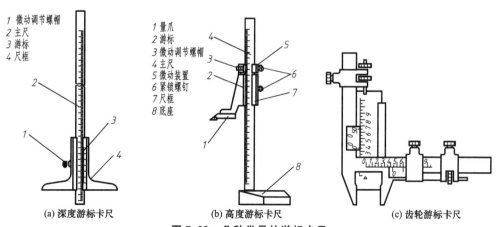

(a) 深度游标卡尺　　(b) 高度游标卡尺　　(c) 齿轮游标卡尺

图 7.63 几种常见的游标卡尺

测量尺寸时的注意事项如下。

① 相配合的两零件的配合尺寸，一般只在一个零件上测量。如有配合要求的孔与轴的直径，相互旋合的内、外螺纹的大径等。

② 对一些重要尺寸，仅靠测量还不行，还需通过计算来校验，如一对啮合齿轮的中心距等。

③ 零件上已标准化的结构尺寸，如倒角、圆角、键槽、退刀槽等结构和螺纹的大径等尺寸，需查阅有关标准来确定。零件上与标准零、部件（如挡圈、滚动轴承等）相配合的轴与孔的尺寸，可通过标准零、部件的型号查表确定，一般不需要测量。

第 8 章 装 配 图

装配图是表达机器、部件或组件的图样。装配图是进行生产准备、制定装配工艺规程、进行装配、检验、安装与维修的技术依据。装配图的绘制和识读，是对投影理论和制图技能等方面知识的综合运用。本章主要介绍装配图的表达方法、绘制装配图、看装配图和由装配图拆画零件图。

了解装配图的作用和内容。熟悉装配图的规定画法、特殊画法和简化画法。掌握绘制装配图的方法和步骤，能绘制简单装配体的装配图。掌握阅读装配图和拆画零件图的方法。能看懂一般装配图并能拆画出其主要零件的工作图。

8.1 装配图的作用和内容

表达机器或部件的结构、工作原理、传动路线和零件装配关系的图样，称为装配图。

8.1.1 装配图的作用

装配图是设计部门和生产部门不可缺少的重要技术资料，也是安装、调试、操作和检修机器或部件时的依据。

在设计新产品时，要画出装配图表示该机器或部件的构造和装配关系，并确定各零件的结构形状和协调各零件的尺寸等，是绘制零件图的依据。

在生产中装配机器时，要根据装配图制定装配工艺规程，装配图是机器装配、检验、调试和安装工作的依据。

在使用和维修中，装配图是了解机器或部件工作原理、结构性能，从而决定操作、保养、拆装和维修方法的依据。

8.1.2 装配图的内容

图 8.1 为滑动轴承的装配图，其立体图如图 8.2 所示。由此可以看出，一张完整的装配图应该包括以下内容。

1. 一组视图

用一组图形（包括各种表达方法）正确、完整、清晰和简便地表达机器或部件的工作原理、各零件间的装配、连接关系和重要零件的结构形状等。如图 8.1 滑动轴承装配图，其一组图形有：主（半剖视图）、左（半剖视图）、俯（半剖视图），可以满足表达要求。

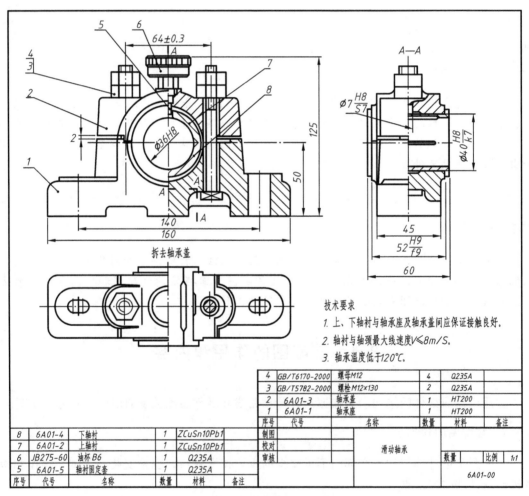

图 8.1 滑动轴承装配图

2. 必要的尺寸

装配图上要标注表示机器或部件规格（性能）的尺寸、零件之间的装配尺寸、总体尺寸、部件或机器的安装尺寸和其他重要尺寸等。如图 8.1 中只注出了 11 个必要的尺寸。

3．技术要求

用文字或符号说明机器或部件的性能、装配、调试和使用等方面的要求。如图 8.1 所示，除图中 3 处注明配合要求外，还用文字说明了滑动轴承再装配和使用的条件及要求。

4．标题栏、零部件的序号和明细栏

用标题栏注明机器或部件名称、图号、比例、绘图及审核人员的签名等。零部件的序号是将装配图中各组成零件按一定的格式编号。明细栏用来填写零件的序号、代号、名称、数量、材料、重量、备注等。

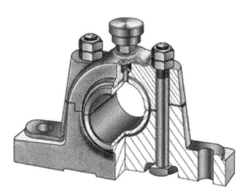

图 8.2　滑动轴承立体图

8.2　装配图的表达方法

8.2.1　装配图的常规画法

机器或部件的表达与零件的表达，其共同点都是要反映它们的内外结构形状，因此，前面介绍过的机件的各种表达方法和选用原则，不仅适用于零件，也完全适用于机器或部件。

但是零件图所表达的是单个的零件，而装配图所表达的是由若干零件所组成的机器或部件。两种图的要求不同，所表达的侧重面也就不同。装配图主要用来表达机器或部件的工作原理、装配和连接关系，以及主要零件的结构形状。因此，与零件图不同的是，装配图还有下述的一些表达方法。

8.2.2　装配图的规定画法

（1）两零件的接触面和配合面只画一条线。但是，如果两相邻零件的基本尺寸不相同，即使间隙很小，也必须画成两条线，如图 8.3 所示。

（2）相邻两个或多个零件的剖面线应有区别，或者方向相反，或者方向一致但间隔不等，并相互错开，如图 8.3 所示。在同一张装配图中，所有剖视图、断面图中同一零件的剖面线方向、间隔和倾斜角度应一致。

（3）对于标准件以及轴、杆、键、销、球、手柄等实心零件，若剖切平面通过其对称平面或基本轴线时，则这些零件均按不剖绘制。在表明零件的凹槽、键槽、销孔等构造时，可用局部剖视表示，如图 8.4 所示。

8.2.3　装配图的简化画法

简化画法是对某些标准件或工艺结构的固定形式的省略画出，以及对相同部分的简化画出。

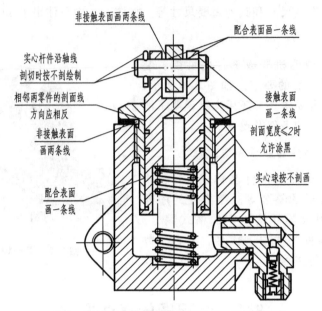

图 8.3　接触面和非接触面画法、剖面线的画法

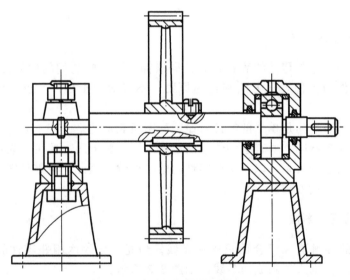

图 8.4　实心件的画法

(1) 在装配图中，零件的局部工艺结构，如倒角、圆角、退刀槽等允许省略，如图 8.5 所示的轮齿部分及转轴右端的螺纹头部等。

(2) 在装配图中，螺母和螺栓头部的截交线（双曲线）的投影允许省略，简化为六棱柱，如图 8.5 所示的螺母；对于螺纹连接等相同的零件组，在不影响看图的情况下，允许只详细地画出其中一组，而其余用点画线表示出其中心位置即可，如图 8.5 所示的螺钉连接组。

(3) 在部件的剖视图中，对称于轴线的同一轴承或油封的两部分，若其图形完全一样，可只画出一部分，另一部分用相交细实线画出，如图 8.5 所示的轴承和油封。

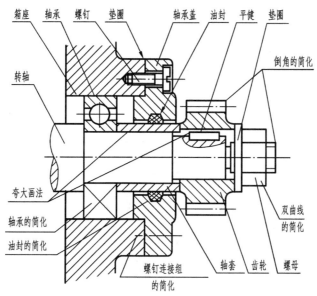

图 8.5 简化画法和夸大画法

8.2.4 装配图的特殊画法

1. 假想画法

在装配图中，若需要表达某些运动零件的极限位置，可用双点画线画出它们的极限位置的外形图，如图 8.6 所示。此外，在装配图中，若需要表达出与本部件相关，但又不属于本部件的零件时，也可采用假想画法画出相关部分的轮廓，如图 8.7 所示的主视图。

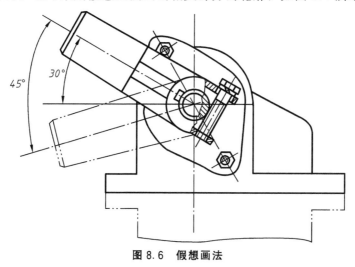

图 8.6 假想画法

2. 夸大画法

对薄片零件、细丝弹簧、微小间隙等，若按它们的实际尺寸在装配图中很难画出或难以明显表达，均可按比例采用夸大画法。如图 8.5 所示的轴承盖与轴套之间、平键上顶面与齿轮上键槽之间的间隙画法。

3. 单独表达法

如所选择的视图已将大部分零件的形状、结构表达清楚，但仍有少数零件的某些方面还未表达清楚，可单独画出这些零件的视图或剖视图，如图8.7所示的转子油泵中的泵盖B向视图。

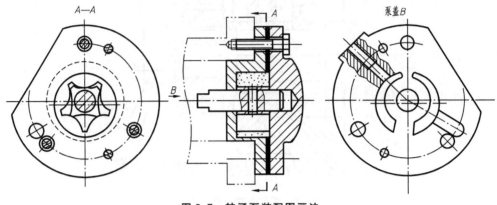

图 8.7 转子泵装配图画法

4. 沿结合面剖切与拆卸画法

在装配图中，为了清楚表达被遮住部分的结构和装配关系，可假想沿某些零件的结合面剖切，画出其剖视图，此时在结合面上不要画出剖面线，如图 8.7 中的 $A—A$ 剖视图。也可假想将某些零件拆卸后画出其视图，如需要说明，可标注"拆去零件××"，如图 8.1 中的俯视图。

8.3 装配结构的工艺性

为了使机器装配后达到设计要求，并且便于拆装、加工和维修，在设计时，必须注意装配结构的合理性。下面介绍几种常见的装配结构。

8.3.1 装配结构的合理性

1. 接触面转角处的结构形式

当轴和孔配合，且轴肩和端面相互接触时，应在接触端面制成倒角或在轴肩部切槽，以保证两零件接触良好，如图 8.8 所示。

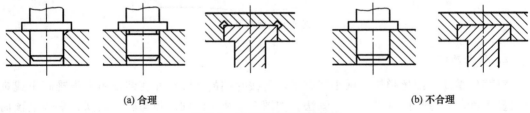

(a) 合理　　　　　　　　　　　　　　　　(b) 不合理

图 8.8 直角接触面处的结构

2. 两个零件接触面的数量

为了避免装配时表面发生互相干涉，两零件在同一方向上应只有一对接触面，这样既可保证两面接触良好，又可降低加工要求，如图 8.9 所示。

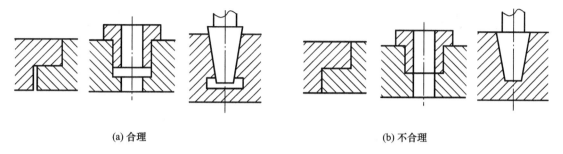

(a) 合理　　　　　　　　　　　　　　(b) 不合理

图 8.9　两零件接触面

3. 合理减小接触面积

零件加工时的面积越大，其不平度和不直度的可能性就越大，故其接触面的不平稳性也越大，同时加工成本也会越高。因此，应合理地减小接触面积，如图 8.10 所示。

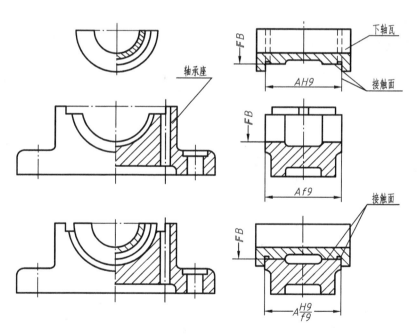

图 8.10　合理减小接触面积

4. 螺纹连接的装拆空间

在采用螺纹连接之处要留有足够的装拆空间，如图 8.11(a) 所示，否则会给部件的装配和拆卸带来不便甚至无法进行，如图 8.11(b) 所示。

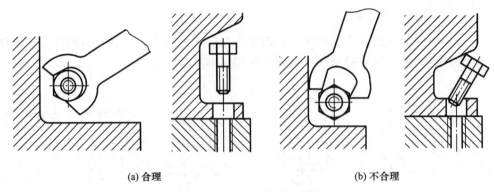

(a) 合理　　　　　　　　　　　　　(b) 不合理

图 8.11　螺纹连接装配结构

8.3.2　装配图中常见的装置

1. 螺纹连接的防松装置

为防止机器在工作中由于振动而将螺纹紧固件松开，常采用双螺母、弹簧垫圈、开口销和止动垫圈等防松装置，其结构如图 8.12 和图 8.13 所示。

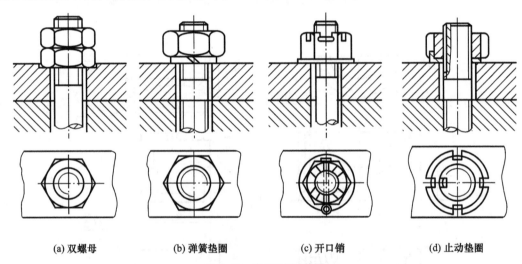

(a) 双螺母　　　(b) 弹簧垫圈　　　(c) 开口销　　　(d) 止动垫圈

图 8.12　螺纹防松装置

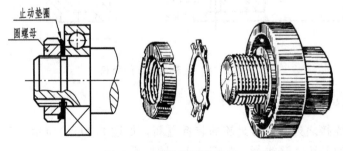

图 8.13　止动垫圈的使用

2. 密封装置

有些机器或部件，为了防止外界的灰尘、铁屑、水汽和其他不洁净物进入机体内部，以及防止内部液体的外溢，常需要采用密封装置。图 8.14 所示的密封装置，就是用于泵和阀类部件中的常见密封结构，它依靠螺母、填料压盖将填料压紧，从而起到防漏作用。必须注意的是，填料压盖与阀体端面之间应留有一定的间隙，以便当填料磨损后，还可拧紧填料压盖将填料压紧，使之继续起密封防漏作用。图 8.15 所示为两种常见的滚动轴承的密封装置，其中图 8.15(a)为毡圈式，图 8.15(b)为圈形油沟式。这些密封件的结构都已标准化。

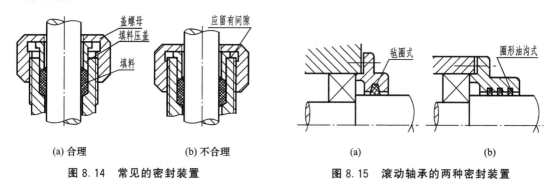

图 8.14　常见的密封装置　　　　图 8.15　滚动轴承的两种密封装置

8.4　装配图的尺寸标注和技术要求

8.4.1　装配图上的尺寸标注

在装配图中的尺寸标注不同于在零件图中的尺寸标注。由于装配图不直接用于零件的生产制造，因此装配图不需注出零件的全部尺寸，而只需标注必要的尺寸。这些尺寸按其作用不同，大致可分为以下五大类尺寸。

1. 性能尺寸

这类尺寸集中地反映机器或部件的性能特点，在设计时就已确定。它是了解、设计和选用机器或部件的主要依据，表示机器、部件工作性能或规格的尺寸。如图 8.1 中滑动轴承的轴孔直径 $\phi 36H8$，它表明了该滑动轴承所支承的轴的大小。

2. 装配尺寸

这是用以保证机器或部件的工作精度和性能的尺寸，它可分为以下两种。

（1）配合尺寸：表示两零件间配合性质和相对运动情况的尺寸。如图 8.1 所示的尺寸 $\phi 7\dfrac{H8}{s7}$、$\phi 40\dfrac{H8}{k7}$、$52\dfrac{H9}{f9}$ 等。

（2）装配位置尺寸。表示装配后有关组成件之间应达到的相对位置或间隙的尺寸，如图 8.1 所示的轴孔中心到底面的中心高 50。有些重要相对位置尺寸还可以在装配时靠增减垫片或更换垫片得到。

3. 安装尺寸

这是将机器或部件安装到其他零、部件或机座上所需要的尺寸,如图 8.1 所示的底板上两端安装孔的中心距为 140。

4. 外形尺寸

这是表示机器或部件的外形轮廓总长、总宽和总高的尺寸。它表明了机器或部件所占空间的大小,作为包装、运输和安装的依据。如图 8.1 所示的总长尺寸 160、总宽尺寸 60 和总高尺寸 125。

5. 其他重要尺寸

除以上 4 类尺寸外,在设计中尚有需要确定的、在装配或使用中必须说明的尺寸,如:运动零件的位移尺寸等。

需要说明的是:上述各类尺寸之间不是孤立无关的,装配图上的某些尺寸有时兼有几种意义,同样,一张装配图中也不一定都具有上述 5 类尺寸。在标注尺寸时,必须明确每个尺寸的作用,对装配图没有意义的结构尺寸不需注出。

8.4.2 装配图上的技术要求

在装配图中,对于一些无法在图中表达清楚的技术要求,可以在图纸的空白处用文字说明。

装配图中的技术要求一般有以下内容。

(1) 有关产品性能、安装、使用、维护等方面的要求。
(2) 有关试验、检验的方法和条件方面的要求。
(3) 有关装配时的加工、密封和润滑等方面的要求。

如图 8.1 所示的技术要求即是关于滑动轴承安装时的注意事项及使用环境方面的要求。

8.5 装配图的零件序号和明细栏

为便于图纸管理、生产准备、机器装配和装配图的阅读,装配图上各零、部件都必须编写序号。同一装配图中相同的零、部件(即每一种零、部件)只编写一个序号,并在标题栏上方填写与图中序号一致的明细栏。

8.5.1 零件序号及其编排

(1) 为了便于阅读装配图,图中所有零件都必须编号,形状、尺寸完全相同的零件只编一个序号,一般也只标一次。图中零件的序号应与明细栏中的该零件的序号一致。

(2) 序号应尽可能注写在反映装配关系最清楚的视图上,且应沿水平或垂直方向排列整齐,并按顺时针或逆时针方向依次排列。

(3) 零件序号的标注形式。零件序号是用指引线和数字来标注的。

① 指引线的画法。指引线应从所指零件的可见轮廓内用细实线向图外引出,并在指引线的引出端画出一个小圆点,如图 8.16(a)所示。当所指部分很薄或剖面涂黑不宜画小

圆点时，可在指引线的引出端用箭头代替，箭头指到该部分的轮廓线上，如图 8.16(b)所示。指引线应尽可能分布均匀，不允许彼此相交。当通过有剖面线的区域时，不应与剖面线平行。必要时，指引线可以画成折线，但只可曲折一次，如图 8.16(c)所示。

② 零件序号的标注形式。在装配图中，零件序号的常用标注形式有 3 种，如图 8.16(a)所示。

a. 在指引线的终端画一水平横线（细实线），并在该横线上方注写序号，其字高比该装配图中所注尺寸数字大一号或两号。

b. 在指引线的终端画一细实线圆，并在该圆内注写序号，其字高比该装配图中所注尺寸数字大一号或两号。

c. 在指引线终端附近注写序号，其字高比该装配图中所注尺寸数字大两号。

注意在同一装配图中所采用的序号标注形式要一致。此外，装配关系清楚的紧固件组，可以采用公共指引线，如图 8.16(d)所示。

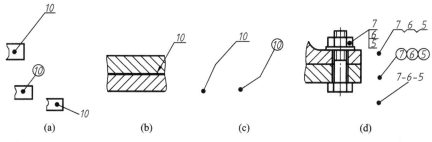

图 8.16 零件序号的编注形式

8.5.2 明细栏

明细栏是机器或部件中全部零件、部件的详细目录。明细栏画在标题栏正上方，其底边线与标题栏的顶边线重合，其内容和格式在国家标准（GB/T 10609.2－1989）中已有规定。本书推荐作业中采用的明细栏格式如图 8.17 所示。

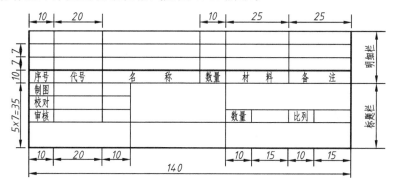

图 8.17 作业中采用的明细栏

绘制和填写明细栏时应注意以下几点。

（1）明细栏和标题栏的分界线是粗实线，明细栏的外框竖线是粗实线，明细栏的横线和内部竖线均为细实线（包括最上一条横线）。

（2）序号应自下而上顺序填写，如向上延伸位置不够，可以在紧靠标题栏紧靠左边的位置自下而上延续,如图 8.1 所示。

(3) 标准件的国家标准代号可写入备注栏。

8.6 装配图的绘制方法和步骤

如上所述,装配图的绘制工作是机器或部件的设计及测绘中重要的一环。下面通过举例,介绍绘制装配图的方法与步骤。

【例 8.1】 绘制如图 8.18 所示的手压阀装配图。

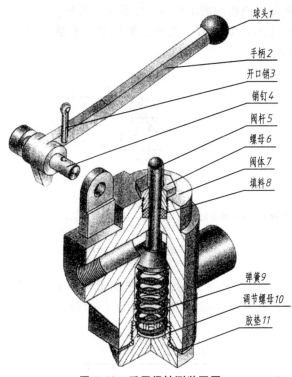

图 8.18 手压阀轴测装配图

1. 分析了解测绘对象

对部件的实物或装配示意图(通过目测,用简单的线条表达部件的结构、零件间的装配关系、连接方式及工作原理等)或轴测装配图,进行观察和分析,了解各组成零件间的装配关系和部件的工作原理。

图 8.18 为手压阀轴测装配图,由标准件和非标准件共 11 件组成。手压阀是吸进或排出液体的一种手动阀门。

手压阀的装配关系是:阀杆 5 装入阀体 7 内腔上部,阀杆 5 与阀体 7 以锥面处接触而隔断流体入口与出口相通。调节螺母 10 旋入阀体 7 的螺孔内,为了密封,二者之间装有胶垫 11。弹簧 9 的支撑端面下端置于调节螺母 10 的凹坑面上,上端顶着阀杆 5 的凹坑面。为了密封,在阀体 7 与阀杆 5 之间加进填料 8,并旋入锁紧螺母 6。

手压阀的工作情况是:当握住手柄向下压紧阀杆时,弹簧因受力压缩使阀杆向下移动,液体入口与出口相通。手柄向上抬起时,由于弹簧弹力的作用,阀杆向上压紧阀体,使液体入口与出口不通。

组成手压阀的各个零件中,除填料 8 和标准件开口销 3 不画零件图外,其他非标准件的各个零件图分别如图 8.19~图 8.27 所示。

2. 主视图和其他视图的选择

1) 选择主视图

一般按部件的工作位置放置。当工作位置倾斜时,将其放正,使部件的主轴线、主要安装面为特殊位置(水平或铅垂),并选择反映部件的工作原理、零件间的主要装配关系及主要零件的主要结构清楚的那个视图为主视图。在不能同时兼顾时,以反映装配关系为主。如手压阀的工作位置如图 8.18 所示,传动路线直立放置,对主视图采用局部剖视,

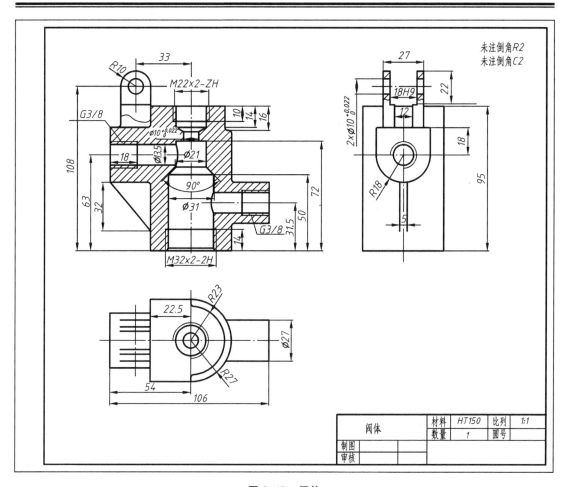

图 8.19 阀体

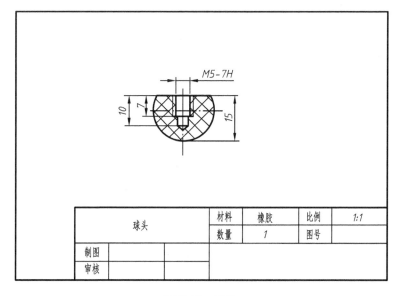

图 8.20 球头

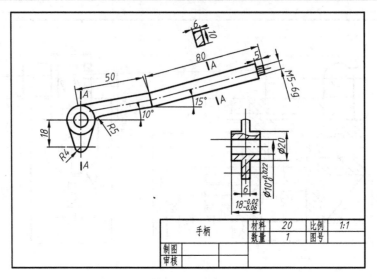

图 8.21 手柄

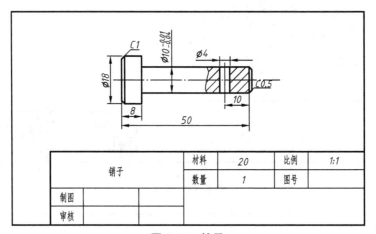

图 8.22 销子

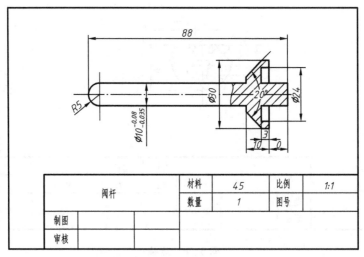

图 8.23 阀杆

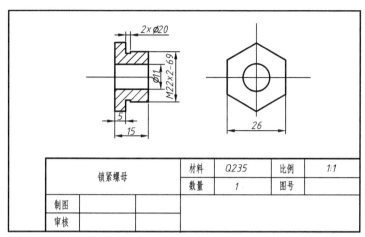

图 8.24 锁紧螺母

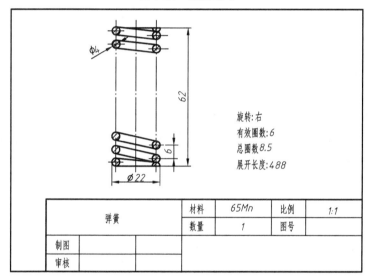

图 8.25 弹簧

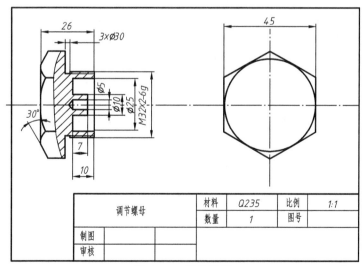

图 8.26 调节螺母

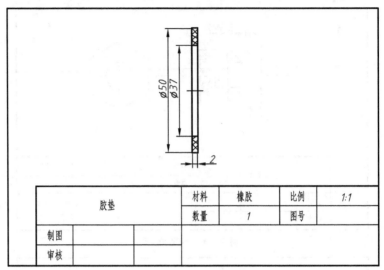

图 8.27 胶垫

就能清楚地反映出在装配干线上各个零件间的相对位置及装配关系，使手压阀的传动路线以及阀体 7 内部的主要结构都一目了然。

2) 选择其他视图

主视图选定后，看看还有哪些装配关系和主要零件的结构没有表达清楚，根据需要选择适当的其他视图，使每个视图都有一个表达重点。如手压阀的左视图采用了局部剖视，表达了手柄与阀体 7 的装配关系以及重要零件阀体的外形。俯视图采用了拆卸画法，表达了手压阀的外形。

3. 画图步骤

确定了表达方案后，再根据所画部件的大小，考虑各视图的布置，并留出尺寸、序号、标题栏、明细栏、技术要求等所需位置，选择绘图比例，确定图幅即可开始画图。

画图时，一般可以从主视图画起，沿主要装配干线，顺次画各零件，其他视图配合进行。画图时可采用内向外画，即从主要装配干线画起，逐步向外延伸；也可采用由外向内画，即先画出阀体（或箱体），然后再将装在里面的零件依次画出，擦去阀体上挡住的轮廓线。至于采用哪种画法要看部件的结构以作图方便而定。

绘制手压阀装配图底稿的画图步骤如下。

(1) 画出各视图的主要轴线，对称中心线及作图基准线，留出标题栏、明细栏位置，如图 8.28(a)所示。

(2) 画出主要零件阀体的轮廓线，几个基本视图要保证三等关系，关联作图，如图 8.28(b)、图 8.28(c)所示。

(3) 逐一画出其他零件的三视图，如图 8.28(d)所示。

(4) 检查校核、画出剖面符号、注写尺寸及公差配合、加深各类图线等。最后给零件编号、填写标题栏、明细栏、技术要求，完成全图，如图 8.28(d)所示。

【例 8.2】 绘制如图 8.29 所示的球阀装配图。

1. 分析了解测绘对象

分析部件中主要零件的形状、结构与作用，以及各个零件间的相互位置和连接装配关系及各条装配线路,并根据以上提到的装配图的特殊表达方法、装配结构的合理性及装配图中的常见装置,认清运动零件与非运动零件的相对位置关系、接触面的结构、防松装置、密封装置等,可对部件的工作原理和装配关系有所了解。

在管道系统中,阀是用于启闭和调节流体流量的部件。球阀是其中的一种,因其阀芯是球状而得名。下面根据图 8.29 所示的球阀装配体的立体图和装配示意图,从运动关系、密封关系、连接关系及工作原理作一分析。

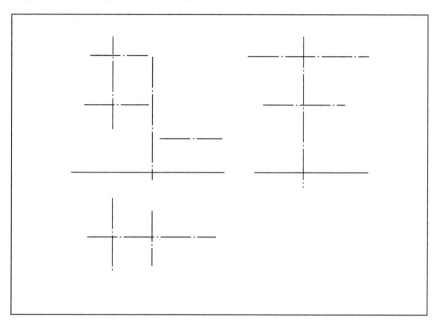

(a) 画出基本视图的主要轴线、对称中心线及作图基线

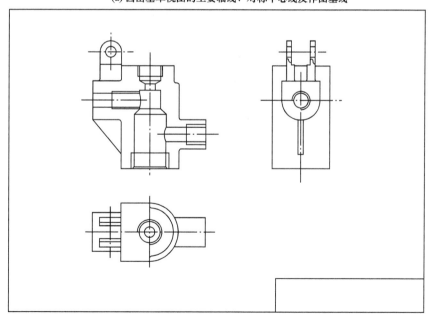

(b) 画出主要零件阀体的3个基本视图

图 8.28 手压阀装配图

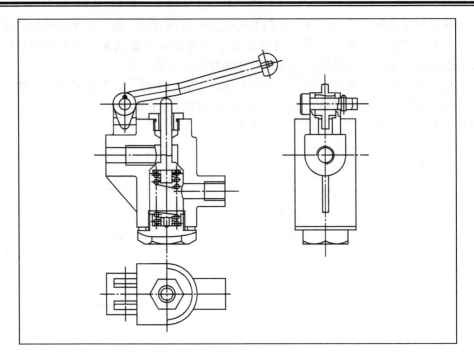

(c) 画出阀杆、弹簧、胶垫、调节螺母、锁紧螺母、填料、手柄等

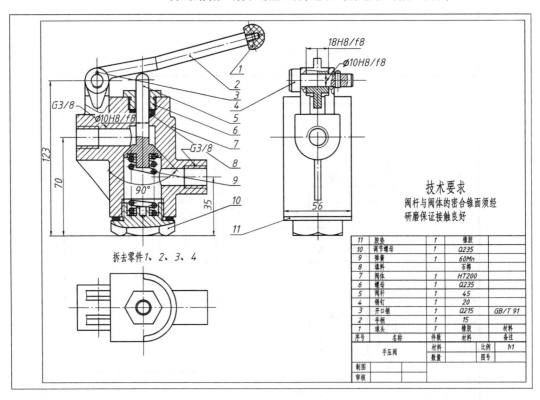

(d) 检查底稿并加深图线、注尺寸，编写零件序号，填写标题栏和明细栏

图 8.28 手压阀装配图（续）

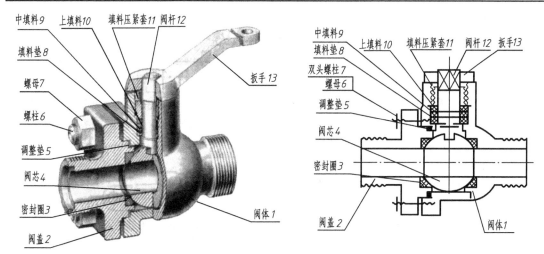

图 8.29　球阀装配体立体图及装配示意图

(1) 运动关系：转动扳手 13，可通过阀杆 12 带动阀芯 4 转动，从而使阀芯中的水平圆柱形空腔与阀体 1 及阀盖 2 的水平圆柱形空腔连通或封闭。

(2) 密封关系：两个密封圈 3 可初步密封，调整垫 5 为阀体阀盖之间的密封装置，并可调节阀芯 4 与密封圈 3 之间的松紧程度。填料垫 8、填料 9 和 10 以及填料压紧套 11 防止沿阀杆 12 漏油，起进一步密封作用。

(3) 连接关系：阀体 1 和阀盖 2 是球阀的主体零件，均带有方形的凸缘，它们之间以 4 组双头螺柱 6、7 连接，在阀体上部有阀杆 12，阀杆下部有凸块，榫接阀芯 4 上的凹槽。阀芯 4 通过两个密封圈 3 定位于阀体中，通过填料压紧套 11 与阀体的螺纹旋合将填料垫 8、中填料 9 和上填料 10 压紧在阀体中。

(4) 球阀的工作原理：扳手 13 的方孔套进阀杆 12 上部的四棱柱，当扳手处于如图 8.31 所示的位置时，则阀门全部开启，管道畅通；当扳手按顺时针方向旋转 90°时（扳手处于如图 8.31 的俯视图中双点画线所示的位置），则阀门全部关闭，管道断流。

2. 主视图和其他视图的选择

1) 主视图的选择

装配图一般以机器（或部件）的工作位置为主视图的安放位置，并使主视图能够较多地表达该机器（或部件）的工作原理、零件间主要装配关系及主要零件的结构形状特征。装配图的表达方法和重点与零件图有所不同，一般多采用剖视图，用以表达零件主要装配干线（如工作系统、传动路线等）。选择主视图时，通常考虑以下几方面。

(1) 应能反映机器（或部件）的工作状态或安装状态。

(2) 应能反映机器（或部件）的整体形状特征。

(3) 应能表示主装配干线零件的装配关系。

(4) 应能表示机器（或部件）的工作原理。

球阀的工作位置情况不唯一，但一般是将其通路放成水平位置。从对球阀各零件间装配关系的分析看出有两条主要装配线：阀芯、阀杆、压紧套等部分和阀体、密封圈、阀盖等部分，它们互相垂直相交。因而将其通道置于水平位置，以剖切平面通过该两装配轴线的全剖视图作为主视图，可比较清晰地表达球阀主要零件间的装配关系。

2）确定其他视图

根据确定的主视图，针对装配体在主视图中尚未表达清楚的内容，再选取能反映其他装配关系、外形及局部结构的视图。一般情况下，部件中的每一种零件至少应在视图中出现一次。

在本例中，球阀沿前后对称面剖开的主视图，虽清楚地反映了各零件间的主要装配关系和球阀工作原理，但用以连接阀盖及阀体的螺柱分布情况和阀盖、阀体等零件的主要结构形状未能表达清楚，于是选取左视图。

根据球阀前后对称的特点，它的左视图可采用半剖视图。在左视图上，后半边为视图，主要表达阀盖的基本形状和 4 组螺柱的连接方位；前半边为剖视图，用以补充表达阀体、阀芯和阀杆的结构。

选取俯视图，并作 B—B 局部剖视，反映扳手与定位凸块的关系。

从以上球阀视图选择过程中可以看出，应使每个视图的表达内容有明确的目的和重点。对装配体主要装配关系应在基本视图上表达，对次要的装配关系可采用局部剖视图等来表达。

3．画图步骤

确定了部件的视图表达方案后，根据视图表达方案以及部件大小及复杂程度，选取适当的比例安排各视图的位置，从而选定图幅，着手画图。在安排各视图的位置时，要注意留有供编写零、部件序号、明细栏以及注写尺寸和技术要求的位置。

画图时，应先画出各视图的主要轴线（装配干线）、对称中心线和作图基线（某些零件的基面和端面）。由主视图开始，几个视图配合进行。画剖视图时以装配干线为准，由内向外逐个画出各个零件，也可由外向里画，视作图是否方便而定。

绘制球阀装配图底稿的具体作图步骤如下。

(1) 画出各视图的主要轴线，对称中心线及作图基准线，留出标题栏、明细栏位置，如图 8.30(a)所示。

(2) 画出主要零件阀体的轮廓线，几个基本视图要保证三等关系，关联作图，如图 8.30(b)、图 8.30(c)所示。

(3) 逐一画出其他零件的三视图，如图 8.30(d)所示。

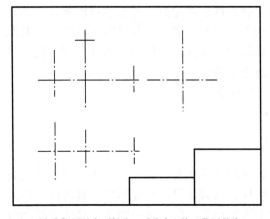 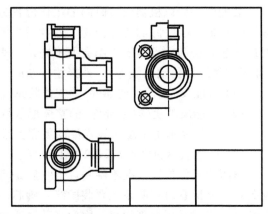

(a) 画出各视图的主要轴线、对称中心线及作图基线　　(b) 画主要零件阀体的轮廓线

图 8.30　画装配图视图底稿的步骤

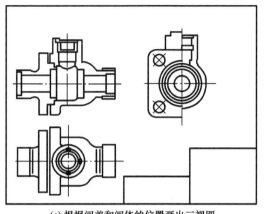

(c) 根据阀盖和阀体的位置画出三视图

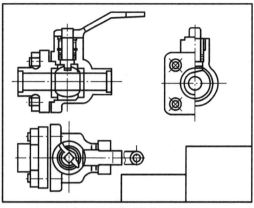

(d) 逐一画出其他零件的三视图

图 8.30 画装配图视图底稿的步骤(续)

(4) 检查校核、画出剖面符号、注写尺寸及公差配合、加深各类图线等。最后给零件编号、填写标题栏、明细栏、技术要求，完成全图，如图 8.31 所示。

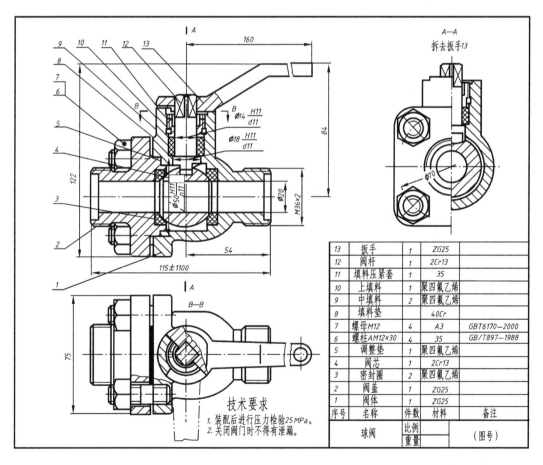

图 8.31 球阀装配图

8.7 装配图阅读及由装配图拆画零件图

在设计、制造、装配、使用、维修和技术交流等过程中，都会遇到装配图的阅读问题，且在设计中常常要在读懂装配图的基础上，根据装配图拆画零件图。因此，工程技术人员必须具备阅读装配图的能力。

8.7.1 读装配图的方法和步骤

阅读装配图的目的是了解产品名称、功用和工作原理，看懂各零件的主要结构、作用、零件之间的相互位置、装配连接关系以及装拆顺序等。它也是装配图绘制工作的一个逆过程。

1. 读装配图的一般方法和步骤

1）分析视图关系，认识部件概貌

(1) 通过调查和查阅明细栏和说明书获知零件的名称和用途。

(2) 对照零、部件序号在装配图上查找这些零、部件的位置，了解标准和非标准零、部件的名称与数量。

(3) 对视图进行分析，根据装配图上视图的表达情况，找出各个视图、剖视、断面等配置的位置及投影方向，从而理解各视图的表达重点。

通过以上这些内容的了解并参阅有关尺寸，从而对部件的大体轮廓与内容有一个基本的印象。

2）分析装配干线，看懂各零件特别是主要零件形状及其装配关系，了解工作原理

对照视图分析研究装配关系和工作原理，是读装配图的一个重要环节。看图应从反映装配关系比较明显的视图入手，再配合其他视图。首先分析装配干线，其次分离零件，看懂零件形状。分离零件是依据装配图的各视图对应关系、剖视图上零件的剖面线以及零件序号的标注范围来进行的。当零件在装配图中表达不完整，可对有关的其他零件仔细观察分析后，再进行结构分析，从而确定零件的内外形状。在分析零件形状的同时，还应分析零件在部件中的运动情况，零件之间的配合要求、定位和连接方式等，从而了解工作原理。

3）综合各部分结构，想象总体形状

在进行了以上分析后，还应该再返回来对装配图重新研究，参考下列问题，综合各部分的结构，想象总体形状。

(1) 对反映机器或部件工作原理的装配关系和各运动部分的动作是否完全看懂。

(2) 是否看懂该机器或部件中全部零件(特别是主要零件)的基本结构形状和作用。

(3) 分析所注尺寸在装配图上所起的作用。

(4) 该机器或部件的拆装顺序。

读图时，上述几个步骤是不能截然分开的，常常要穿插进行。

2. 读装配图举例

【例 8.3】 阅读齿轮泵装配图(图 8.32)。

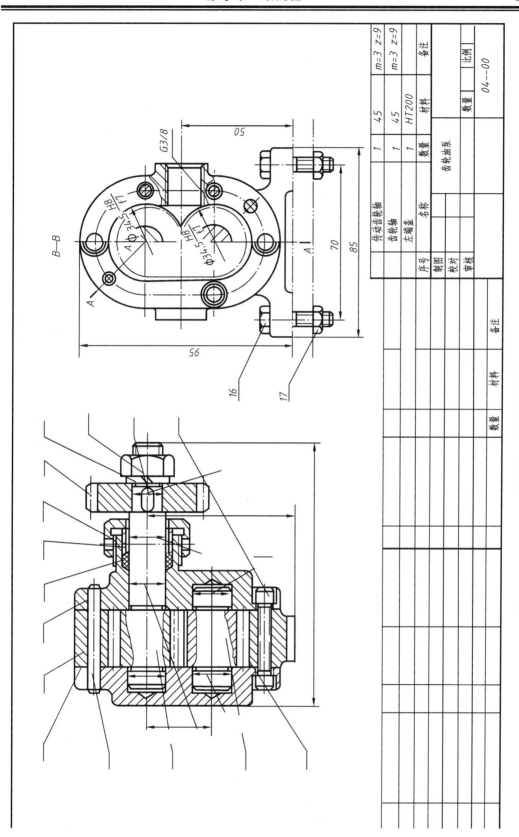

图8.32 齿轮油泵装配图

1) 概括了解

齿轮油泵有多种，本例中的齿轮油泵是机器中用来输送润滑油的一个部件。一般由泵体、左右端盖、运动零件(传动齿轮、齿轮轴等)、密封零件以及标准件等组成。对照如图 8.32 所示的零件序号及明细栏可以看出：齿轮油泵共由 17 种零件装配而成，其中标准件及常用件 8 种，非标准件 9 种。该装配图采用两个基本视图。其中主视图作全剖视，反映了组成齿轮油泵各个零件间的装配关系；左视图为半剖视图 B—B，清楚地反映了油泵的外部形状、齿轮的啮合情况以及吸、压油的工作原理。其外形尺寸是 118、85、95。

2) 看懂装配关系，了解工作原理

由图 8.32 可看出，该齿轮油泵共有两条装配线路。

(1) 传动齿轮轴装配线路：这是装配主干线路，以泵体 6 为主体，左、右端盖 1 和 7 各用 2 个销定位后，再各用 6 个螺钉安装在泵体上。传动齿轮轴 3 被支撑在左、右端盖上部的轴孔内，在传动齿轮轴右边的伸出端装有密封圈 8、轴套 9、压紧螺母 10、传动齿轮 11、键 14、弹簧垫圈 12 及螺母 13 等零件，分别起密封和连接作用。

(2) 从动齿轮轴装配线路：从动齿轮轴 2 被支撑在左、右端盖的轴孔内，与传动齿轮轴 3 上的齿轮相啮合。

工作原理分析：从主视图可知，外部动力传递给传动齿轮 11，再通过键 14 传动给传动齿轮轴 3，从而带动从动齿轮轴 2 转动。从左视图看，两齿轮的啮合区将进、出油孔对应的区域隔开，由此形成液体的高压区和低压区，从而可得出如图 8.33 所示的齿轮油泵工作原理示意图。当齿轮按图中箭头所示的方向转动时，齿轮啮合区右边的轮齿从啮合到脱开，形成真空，油池内的油在大气压力作用下进入油泵低压区内的吸油口，随着齿轮的转动，齿槽中的油不断被带至左边的压油口把油压出。

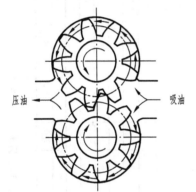

图 8.33 齿轮油泵工作原理示意图

3) 对装配图中的尺寸进行分析

(1) 性能规格尺寸。反映泵流量的油孔管螺纹尺寸 G3/8，表明输油管的内径为 $\phi9.525$mm。

(2) 装配尺寸。装配位置尺寸有两齿轮的中心距 (28.76 ± 0.016)mm。其配合尺寸有以下几处：两齿轮轴与左右端盖上轴孔的配合尺寸都是 $\phi16\frac{H7}{h6}$，这是基孔制的优先间隙配合。齿轮端面与空腔的间隙可通过垫片的厚度进行调节，使齿轮在空腔中既能转动，但又不会因齿轮端面的间隙过大而产生高压区油的渗漏回流；齿顶圆与泵体内腔的配合尺寸是 $\phi34.5\frac{H8}{f7}$，为基孔制间隙配合；运动输入齿轮与主动齿轮轴的配合尺寸是 $\phi14\frac{H7}{k6}$，压紧螺母外圆与泵体的配合尺寸为 $\phi20\frac{H7}{h6}$。

(3) 安装尺寸。部件的安装尺寸有安装孔的中心距 70、传动齿轮轴的中心高 65 及油孔中心高 50。

(4) 外形尺寸。部件的总长 118，总宽 85，总高 95。

图 8.34 所示为该齿轮油泵的立体效果图。

8.7.2 由装配图拆画零件图

由装配图拆画零件图是设计工作的一个重要环节，也是一项细致的工作，它是在全面看懂装配图的基础上进行的。拆图时，应对所拆零件的作用进行分析，然后分离该零件（即把零件从与其组装的其他零件中分离出来）。具体方法是首先在装配图中各视图的投影轮廓中找出该零件的范围，将其从装配图中"分离"出来，再结合分析结果，补齐所缺的轮廓线，然后根据零件图的视图表达要求，重新安排视图。选定和画出零件的各视图以后，按零件图的要求，注写尺寸及技术要求。这种由装配图画出零件图的过程就称为拆画零件图，简称拆图。

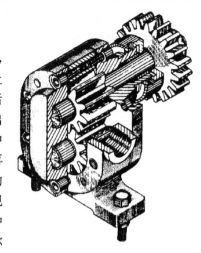

图 8.34 齿轮油泵立体图

1. 拆画零件图的一般方法和步骤

1）看懂装配图

拆图前必须认真阅读装配图，全面深入了解设计意图，分析清楚装配关系、技术要求和各个零件的主要结构。

2）确定视图表达方案

看懂零件的结构形状后，要根据零件在装配图中的工作位置或零件的加工位置，重新选择视图，确定表达方案。此时可以参考装配图的表达方案，但要注意不应受原装配图的限制。

3）补全工艺结构

在装配图上，零件的细小工艺结构，如倒角、倒圆、退刀槽等往往被省略。拆图时，这些结构必须补全，并加以标准化。

4）标注尺寸

由于装配图上给出的只是必要的尺寸，而在零件图上则要求完整、正确、清晰、合理地注出零件各组成部分的全部尺寸，所以很多尺寸是在拆画零件图时才确定的。因此在拆画出的零件图上标注尺寸时，一般按以下步骤进行。

（1）抄：凡装配图上已注出的有关该零件的尺寸，应直接照抄，不能随意改变。

（2）查：零件上某些尺寸数值（如与螺纹紧固件连接的零件通孔直径和螺纹尺寸；与键、销连接的尺寸；标注结构要素的倒角、倒圆、退刀槽等），应从明细栏或有关标准中查得。

（3）算：如所拆零件是齿轮、弹簧等传动零件或常用件，则其设计时所需参数，如齿轮的分度圆和齿顶圆、弹簧的自由高度和展开长度等，应根据装配图中所提供的参数，通过计算来确定。

（4）量：在对所拆画的零件进行整体尺寸分析后，对照"正确、完全、清晰、合理"的基本要求，对装配图中没有标注出的该零件的其他尺寸，可在装配图中直接测量，并按装配图的绘图比例换算、圆整后标出。

拆画零件图是一种综合能力训练。它不仅需要具有看懂装配图的能力，而且还应具备有关的专业知识。随着计算机绘图技术的普及,拆画零件图的方法将会变得更容易。如果是由计算机绘出的机器或部件的装配图,可对被拆画的零件进行复制,然后加以整理,并标注尺寸,即可画出零件图。

2. 拆画零件图举例

【例 8.4】 从图 8.32 齿轮油泵装配图中拆画泵体(6 号零件)的零件图。

1) 分离零件,想象零件的结构、形状

根据装配图中各视图的投影轮廓找出该零件的范围,再根据图中的剖面线及零件序号的标注范围,将泵体零件从装配图中分离出来,如图 8.35 所示。结合以上分析,该零件属箱体类零件,由包容轴孔空腔的壳体及底座组成。

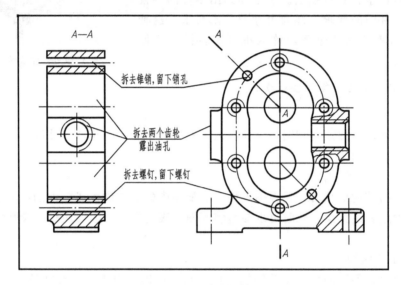

图 8.35 分离零件

2) 确定零件的表达方案

根据零件的工作位置确定主视图的安放位置,并按形状特征原则决定其投射方向。该零件的主视图确定为图 8.36 所示位置,左视图即为原装配图中的主视方向,为表达底板形状及底板上安装孔的位置,通过其功能分析及想象补充完整,作出 B 向局部视图进行表达,如图 8.36 所示。

3) 标注尺寸及技术要求,填写标题栏

按照零件图的要求,并根据上述"抄"、"查"、"算"、"量"的步骤,正确、完整、清晰并尽可能合理地标注尺寸;再经过查阅标准和各种技术资料以及与同类零件的分析类比,标注各项技术要求,完成全图,如图 8.37 所示。

看懂装配图是了解机器或部件工作特点的起点;画出装配图是表达机器或部件的最终目的。当了解了装配图的内容、表达方法以及常见的装配结构等基本内容后,才能对零件在机器或部件中的作用有更进一步的了解。绘制和识读机械图是本课程的最终学习目标,因此装配图是本课程的重点内容之一。由于装配图和零件图在设计、制造过程中起着不同的作用,因而决定了它们不同的内容和各自的特点。在学习时要与零件图作对比理解、记忆,这样才能突出特点,融会贯通。表 8-1 列出了二者的异同之处。

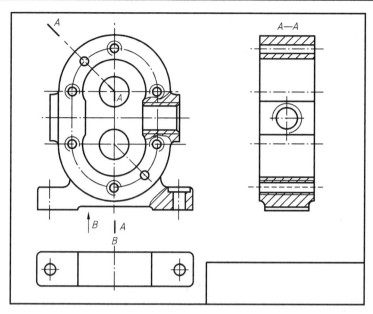

图 8.36 重新确定泵体的表达方

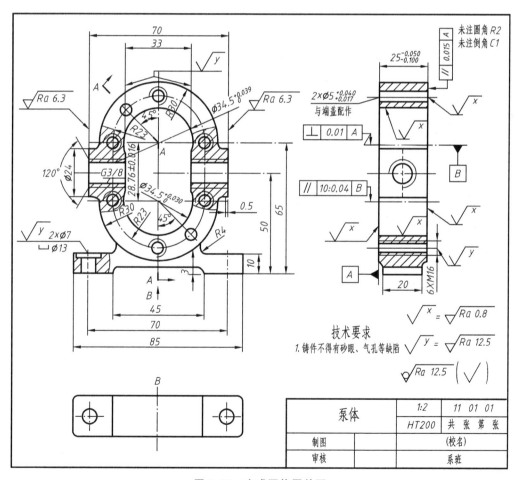

图 8.37 完成泵体零件图

表 8-1 装配图和零件图的内容比较

图的种类 项目内容	零件图	装配图
视图方案选择	把零件的结构、形状完整表达出来	表达工作原理、装配关系为主，各个零件结构形状不要求完全表达清楚
尺寸标注	标注全部尺寸	标注与装配、安装等有关的尺寸
尺寸公差	注偏差值或公差带代号	只注配合代号
形位公差	需注出	不需注出
表面粗糙度	需注出	不需注出
技术要求	为保证加工制造质量而设，多以代（符）号标注为主，文字说明为辅	标注性能、装配、调试等要求，多以文字表述为主
标题栏、序号和明细栏	有标题栏	除有标题栏外，还有零件编号、明细栏，以助读图和管理

画装配图和读装配图是从不同途径对形体表达能力和分析想象力的培养，同时也是一种综合运用制图知识、投影理论和制图技能的训练。因此，在绘制装配图和读装配图时应掌握以下要领。

（1）画装配图首先在于选择装配图的视图表达方案，而选择表达方案的关键则在于对部件的装配关系和工作情况进行分析，弄清它的装配干线。然后才能考虑选用哪些视图，在各视图上应画什么剖视图才能将各装配干线上的装配关系表示清楚。

（2）画装配图时，先画主要装配线，后画次要装配线，由内而外，先定位置后画结构形状，先大体后细部等。

（3）读装配图并由装配图拆画零件图的关键在于准确地分离零件。即在对装配体的工作原理、对照明细栏认识各零件及其相互关系的前提下，根据轮廓线、剖面线及零件序号所标注的范围，将所要拆画的零件从装配图中"剥离"下来。然后才能根据零件的类型去进行视图选择、尺寸和技术要求的标注等工作。

附录1　常用零件的结构要素

表1-1　零件倒角与圆角（GB/T 6403.4—1986）

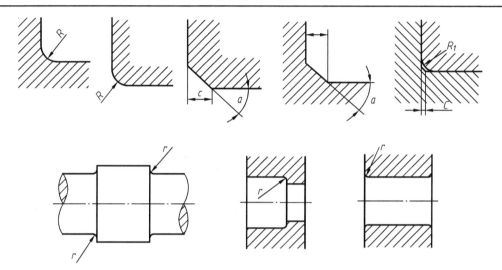

与直径 ϕ 相对应的倒角 C、倒圆 R 的推荐值　　　　　　　　　　　　　　　mm

ϕ	<3	>3～6	>6～10	>10～18	>18～30	>30～50	>50～80	>80～120	>120～180
C 或 R	0.2	0.4	0.6	0.8	1.0	1.6	2.0	2.5	3.0

内角倒角、外角倒圆时 C 的最大值 C_{max} 与 R_1 的关系　　　　　　　　　　　mm

R_1	0.3	0.4	0.5	0.6	0.8	1.0	1.2	1.6	2.0	2.5	3.0	4.0
C_{max}	0.1	0.2	0.2	0.3	0.4	0.5	0.6	0.8	1.0	1.2	1.6	2.0

磨外圆　　　　　磨内圆

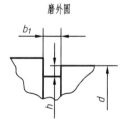 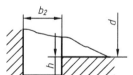

表1-2　砂轮越程槽（GB/T 6403.5—1986）

d	～10			>10～50		>50～100		>100	
b_1	0.6	1.0	1.6	2.0	3.0	4.0	5.0	8.0	10
b_2	2.0		3.0		4.0		5.0	8.0	10
h	0.1		0.2		0.3	0.4		0.6	0.8	1.2

附录 2 螺 纹

1. 普通螺纹

粗牙普通螺纹，公称直径 10mm 右旋，中径公差带代号 5g，顶径公差带代号 6g，短旋合长度的外螺纹。

标记：M10-5g6g-S

细牙普通螺纹，公称直径 10mm，螺距 1mm，左旋，中径和顶径公差带代号都是 6H，中等旋合长度的内螺纹。

标记：M10×1LH-6H

附表 2-1 普通螺纹（GB/T 196—2003） 单位：mm

公称直径 D、d		螺距 P		粗牙小径 D_1、d_1	公称直径 D、d		螺距 P		粗牙小径 D_1、d_1
第一系列	第二系列	粗牙	细牙		第一系列	第二系列	粗牙	细牙	
3		0.5	0.35	2.459		22	2.5	2, 1.5, 1, (0.75), (0.5)	19.294
	3.5	0.6		2.850	24		3	2, 1.5, 1, (0.75)	20.752
4		0.7		3.242					
	4.5	0.75	0.5	3.688		27	3	2, 1.5, 1, (0.75)	23.752
5		0.8		4.134	30		3.5	(3), 2, 1.5, 1, (0.75)	26.211
6		1	0.75, (0.5)	4.917		33	3.5	(3), 2, 1.5, (1), (0.75)	29.211
8		1.25	1, 0.75, (0.5)	6.647	36		4	3, 2, 1.5, (1)	31.670
10		1.5	1.25, 1, 0.75, (0.5)	8.376		39	4		34.670
12		1.75	1.5, 1.25, 1, (0.75), (0.5)	10.106	42		4.5		37.129
	14	2	15, (1.25), 1, (0.75), (0.5)	11.835		45	4.5	(4), 3, 2, 1.5, (1)	40.129
16		2	1.5, 1, (0.75), (0.5)	13.835	48		5		42.587
	18	2.5	2, 1.5, 1, (0.75), (0.5)	15.294		52	5		46.587
20		2.5		17.294	56		5.5	4, 3, 2, 1.5, (1)	50.046

注：(1) 优先选用第一系列，号内尺寸尽可能不用。
(2) 公称直径 D、d 第三系列未列入。

2. 非螺纹密封的管螺纹

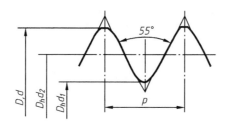

管子尺寸代号 $1\frac{1}{2}$，左旋螺纹。

标记：$G1\frac{1}{2}LH$

管子尺寸代号 $1\frac{1}{2}$，A级右旋螺纹。

标记：$G1\frac{1}{2}A$（右旋不标）

附表 2-2 非螺纹密封的管螺纹（GB/T 7307—2001） 单位：mm

螺纹尺寸代号	每25.4mm内的牙数	螺距 P	基本直径		螺纹尺寸代号	每25.4mm内的牙数	螺距 P	基本直径	
			大径 $d、D$	小径 $d_1、D_1$				大径 $d、D$	小径 $d_1、D_1$
$\frac{1}{8}$	28	0.907	9.728	8.566	$1\frac{1}{4}$		2.309	41.910	38.952
$\frac{1}{4}$	19	1.337	13.157	11.445	$1\frac{1}{2}$		2.309	47.807	44.845
$\frac{3}{8}$		1.337	16.662	14.950	$1\frac{3}{4}$		2.309	53.746	50.788
$\frac{1}{2}$	14	1.814	20.955	18.631	2	11	2.309	59.614	56.656
$\left(\frac{5}{8}\right)$		1.814	22.911	20.587	$2\frac{1}{4}$		2.309	65.710	62.752
$\frac{3}{4}$		1.814	26.441	24.117	$2\frac{1}{2}$		2.309	75.184	72.226
$\left(\frac{7}{8}\right)$		1.814	30.201	27.877	$2\frac{3}{4}$		2.309	81.534	78.576
1	11	2.309	33.249	30.291	3		2.309	87.884	84.926
$1\frac{1}{8}$		2.309	37.897	34.393	4		2.309	113.030	110.072

附录3 极限与配合

表3-1 孔公差带的极限偏差(摘自 GB/T 1800.4—1999)

基本尺寸 mm		常用及优先公差带(带圈者为优先公差带)												
		A	B	C		D			E		F			
大于	至	11	11	12	11	8	⑨	10	11	8	9	6	7	⑧	9
—	3	+330 +270	+200 +140	+240 +140	+120 +60	+34 +20	+45 +20	+60 +20	+80 +20	+28 +14	+39 +14	+12 +6	+16 +6	+20 +6	+31 +6
3	6	+345 +270	+215 +140	+260 +140	+145 +70	+48 +30	+60 +30	+78 +30	+105 +30	+38 +20	+50 +20	+18 +10	+22 +10	+28 +10	+40 +10
6	10	+370 +280	+240 +150	+300 +150	+170 +80	+62 +40	+76 +40	+98 +40	+130 +40	+47 +25	+61 +25	+22 +13	+28 +13	+35 +13	+49 +13
10	14	+400 +290	+260 +150	+330 +150	+205 +95	+77 +50	+93 +50	+120 +50	+160 +50	+59 +32	+75 +32	+27 +16	+34 +16	+43 +16	+59 +16
14	18														
18	24	+430 +300	+290 +160	+370 +160	+240 +110	+98 +65	+117 +65	+149 +65	+195 +65	+73 +40	+92 +40	+33 +20	+41 +20	+53 +20	+72 +20
24	30														
30	40	+470 +310	+330 +170	+420 +170	+280 +1	+119 +80	+142 +80	+180 +80	+240 +80	+89 +50	+112 +50	+41 +25	+50 +25	+64 +25	+87 +25
40	50	+480 +320	+340 +180	+430 +180	+290 4-130										
50	65	+530 +340	+380 +190	+490 +190	+330 +140	+146 +100	+170 +100	+220 +100	+290 +100	+106 +60	+134 +60	+49 +30	+60 +30	+76 +30	+104 +30
65	80	+550 +360	+390 +200	+500 +200	+340 +150										
80	100	+600 +380	+440 +220	+570 +220	+390 +170	+174 +120	+207 +120	+260 +120	+340 +120	+126 +72	+159 +72	+58 +36	+71 +36	+90 +36	+123 +36
100	120	+630 +410	+460 +240	+590 +240	+400 +180										
120	140	+710 +460	+510 +260	+660 +260	+450 +200	+208 +145	+245 +145	+305 +145	+395 +145	+148 +85	+185 +85	+68 +43	+83 +43	+106 +43	+143 +43
140	160	+770 +520	+530 +280	+680 +280	+460 +210										
160	180	+830 +580	+560 +310	+710 +310	+480 +230										

附录3 极限与配合

(续)

基本尺寸 mm		常用及优先公差带（带圈者为优先公差带）												
		A	B	C	D				E		F			
大于	至	11	11	12	11	8	⑨	10	11	8	9	6	7	⑧	9
180	200	+950 +660	+630 +340	+800 +340	+530 +240										
200	225	+1030 +740	+670 +380	+840 +380	+550 +260	+242 +170	+285 +170	+355 +170	+460 +170	+172 +100	+215 +100	+79 +50	+96 +50	+122 +50	+165 +50
225	250	+1110 +820	+710 +420	+880 +420	+570 +280										
250	280	+1240 +920	+800 +480	+1000 +480	+620 +300	+271 +190	+320 +190	+400 +190	+510 +190	+191 +110	+240 +110	+88 +56	+108 +56	+137 +56	+186 +56
280	315	+1370 +1050	+860 +540	+1060 +540	+650 +330										
315	355	+1560 +1200	+960 +600	+1170 +600	+720 +360	+299 +210	+350 +210	+440 +210	+570 +210	+214 +125	+265 +125	+98 +62	+119 +62	+151 +62	+202 +62
355	400	+1710 +1350	+1040 +680	+1250 +680	+760 +400										
400	450	+1900 +1500	+1160 +760	+1390 +760	+840 +440	+327 +230	+385 +230	+480 +230	+630 +230	+232 +135	+290 +135	+108 +68	+131 +68	+165 +68	+223 +68
450	500	+2050 +1650	+1240 +840	+1470 +840	+880 +480										

G		H							Js			K			M		
6	⑦	6	⑦	8	⑨	10	11	12	6	7	8	6	⑦	8	6	7	8
+8 +2	+12 +2	+6 0	+10 0	+14 0	+25 0	+40 0	+60 0	+100 0	±3	±5	±7	0 −6	0 −10	0 −14	−2 −8	−2 −12	−2 −16
+12 +4	+16 +4	+8 0	+12 0	+18 0	+30 0	+48 0	+75 0	+120 0	±4	±6	±9	+2 −6	+3 −9	+5 −13	−1 −9	0 −12	+2 −16
+14 +5	+20 +5	+9 0	+15 0	+22 0	+36 0	+58 0	+90 0	+150 0	±4.5	±7	±11	+2 −7	+5 −10	+6 −16	−3 −12	0 −15	+1 −21
+17 +6	+24 +6	+11 0	+18 0	+27 0	+43 0	+70 0	+110 0	+180 0	±5.5	±9	±13	+2 −9	+6 −12	+8 −19	−4 −15	0 −18	+2 −25
+20 +7	+28 +7	+13 0	+21 0	+33 0	+52 0	+84 0	+130 0	+210 0	±6.5	±10	±16	+2 −11	+6 −15	+10 −23	−4 −17	0 −21	+4 −29
+25 +9	+34 +9	+16 0	+25 0	+39 0	+62 0	+100 0	+160 0	+250 0	±8	±12	±19	+3 −13	+7 −18	+12 −27	−4 −20	0 −25	+5 −34

(续)

G		H							Js			K			M		
6	⑦	6	⑦	⑧	⑨	10	11	12	6	7	8	6	⑦	8	6	7	8
+29 +10	+40 +10	+19 0	+30 0	+46 0	+74 0	+120 0	+190 0	+300 0	±9.5	±15	±23	+4 −15	+9 −21	+14 −32	−5 −24	0 −30	+5 −41
+34 +12	+47 +12	+22 0	+35 0	+54 0	+87 0	+140 0	+220 0	+350 0	±11	±17	±27	+4 −18	+10 −25	+16 −38	−6 −28	0 −35	+6 −48
+39 +14	+54 +14	+25 0	+40 0	+63 0	+100 0	+160 0	+250 0	+400 0	±12.5	±20	±31	+4 −21	+12 −28	+20 −43	−8 −33	0 −40	+8 −55
+44 +15	+61 +15	+29 0	+46 0	+72 0	+115 0	+185 0	+290 0	+460 0	±14.5	±23	±36	+5 −24	+13 −33	+22 −50	−8 −37	0 −46	+9 −63
+49 +17	+69 +17	+32 0	+52 0	+81 0	+130 0	+210 0	+320 0	+520 0	±16	±26	±40	+5 −27	+16 −36	+25 −56	−9 −41	0 −52	+9 −72
+54 +18	+75 +18	+36 0	+57 0	+89 0	+140 0	+230 0	+360 0	+570 0	±18	±28	±44	+7 −29	+17 −40	+28 −61	−10 −46	0 −57	+11 −78
+60 +20	+83 +20	+40 0	+63 0	+97 0	+155 0	+250 0	+400 0	+630 0	±20	±31	±48	+8 −32	+18 −45	+29 −68	−10 −50	0 −63	+11 −86

基本尺寸/mm		常用及优先公差带（带圈者为优先公差带）											
		N			P		R		S		T		U
大于	至	6	⑦	8	6	⑦	6	7	6	⑦	6	7	⑦
—	3	−4 −10	−4 −14	−4 −18	−6 −12	−6 −16	−10 −16	−10 −20	−14 −20	−14 −24	—	—	−18 −28
3	6	−5 −13	−4 −16	−2 −20	−9 −17	−8 −20	−12 −20	−11 −23	−16 −24	−15 −27	—	—	−19 −31
6	10	−7 −16	−4 −19	−3 −25	−12 −21	−9 −24	−16 −25	13 −28	−20 −29	−17 −32	—	—	−22 −37
10	14	9 −20	−5 −23	−3 −30	−15 −26	−11 −29	−20 −31	−16 −34	−25 −36	−21 −39	—	—	−26 −44
14	18												
18	24	−11 −24 −24	−7 −28	−3 −36	−18 −31	−14 −35	−24 −37	−20 −41	−31 −44	−27 −48	—	—	−33 −54
24	30										−37 −50	−33 −54	−40 −61
30	40	−12 −28	−8 −33	−3 −42	−21 −37	−17 −42	−29 −45	−25 −50	−38 −54	−34 −59	−43 −59	−39 −64	−51 −76
40	50										−49 −65	−45 −70	−61 −86

(续)

基本尺寸/mm		常用及优先公差带（带圈者为优先公差带）											
		N			P		R		S		T		U
大于	至	6	⑦	8	6	⑦	6	7	6	⑦	6	7	⑦
50	65	−14 −33	−9 −39	−4 −50	−26 −45	−21 −51	−35 −54	−30 −60	−47 −66	−42 −72	−60 −79	−55 −85	−76 −106
65	80						−37 −56	−32 −62	−53 −72	−48 −78	−69 −88	−64 −94	−91 −121
80	100	−16 −38	−10 −45	−4 −58	−30 −52	−24 −59	−44 −66	−38 −73	−64 −86	−58 −93	−84 −106	−78 −113	−111 −146
100	120						−47 −69	−41 −76	−72 −94	−66 −101	−97 −119	−91 −126	−131 −166
120	140	−20 −45	−12 −52	−4 −67	−36 −61	−28 −68	−56 −81	−48 −88	−85 −110	−77 −117	−115 −140	−107 −147	−155 −195
140	160						−58 −83	−50 −90	−93 −118	−85 −125	−127 −152	−119 −159	−175 −215
160	180						−61 −86	−53 −93	−101 −126	−93 −133	−139 −164	−131 −171	−195 −235
180	200	−22 −51	−14 −60	−5 −77	−41 −70	−33 −79	−68 −97	−60 −106	−113 −142	−105 −151	−157 −186	−149 −195	−219 −265
200	225						−71 −100	−63 −109	−121 −150	−113 −159	−171 −200	−163 −209	−241 −287
225	250						−75 −104	−67 −113	−131 −160	−123 −169	−187 −216	−179 −225	−267 −313
250	280	−25 −57	−14 −66	−5 −86	−47 −79	−36 −88	−85 −117	−74 −126	−149 −181	−138 −190	−209 −241	−198 −250	−295 −347
280	315						−89 −121	−78 −130	−161 −193	−150 −202	−231 −263	−220 −272	−330 −382
315	355	−26 −62	−16 −73	−5 −94	−51 −87	−41 −98	−97 −133	−87 −144	−179 −215	−169 −226	−257 −293	−247 −304	−369 −426
355	400						−103 −139	−93 −150	−197 −233	−187 −244	−283 −319	−273 −330	−414 −471
400	450	−27 −67	−17 −80	−6 −103	−55 −95	−45 −108	−113 −153	−103 −166	−219 −259	−209 −272	−317 −357	−307 −370	−467 −530
450	500						−119 −159	−109 −172	−239 −279	−229 −292	−347 −387	−337 −400	−517 −580

注：带圈者为优先公差带。

表 3-2 基本尺寸至 500mm 的基孔制优先和常用配合(摘自 GB/T 1801—1999)

基准孔	轴																				
	a	b	c	d	e	f	g	h	js	k	m	n	p	r	s	t	u	v	x	y	z
	间隙配合								过渡配合				过盈配合								
H6						$\frac{H6}{f5}$	$\frac{H6}{g5}$	$\frac{H6}{h5}$	$\frac{H6}{js5}$	$\frac{H6}{k5}$	$\frac{H6}{m5}$	$\frac{H6}{n5}$	$\frac{H6}{p5}$	$\frac{H6}{r5}$	$\frac{H6}{s5}$	$\frac{H6}{t5}$					
H7						$\frac{H7}{f6}$	$\frac{H7}{g6}$	$\frac{H7}{h6}$	$\frac{H7}{js6}$	$\frac{H7}{k6}$	$\frac{H7}{m6}$	$\frac{H7}{n6}$	$\frac{H7}{p6}$	$\frac{H7}{r6}$	$\frac{H8}{s6}$	$\frac{H7}{t6}$	$\frac{H7}{u6}$	$\frac{H7}{v6}$	$\frac{H7}{x6}$	$\frac{H7}{y6}$	$\frac{H7}{z6}$
H8					$\frac{H8}{e7}$	$\frac{H8}{f7}$	$\frac{H8}{g7}$	$\frac{H8}{h7}$	$\frac{H8}{js7}$	$\frac{H8}{k7}$	$\frac{H8}{m7}$	$\frac{H8}{n7}$	$\frac{H8}{p7}$	$\frac{H8}{r7}$	$\frac{H8}{s7}$	$\frac{H8}{t7}$	$\frac{H8}{u7}$				
H8				$\frac{H8}{d8}$	$\frac{H8}{e8}$	$\frac{H8}{f8}$		$\frac{H8}{h8}$													
H9			$\frac{H9}{c9}$	$\frac{H9}{d9}$	$\frac{H9}{e9}$	$\frac{H9}{f9}$		$\frac{H9}{h9}$													
H10			$\frac{H10}{c10}$	$\frac{H10}{d10}$				$\frac{H10}{h10}$													
H11	$\frac{H11}{a11}$	$\frac{H11}{b11}$	$\frac{H11}{c11}$	$\frac{H11}{d11}$				$\frac{H11}{h11}$													
H12		$\frac{H12}{b12}$						$\frac{H12}{h12}$													

注：① $\frac{H6}{n5}$、$\frac{H7}{p6}$ 在基本尺寸大于或等于 3mm 和 $\frac{H8}{r7}$ 在小于或等于 100mm 时，为过渡配合。

② 标注▼的配合为优先配合。

表 3-3 基本尺寸至 500mm 基轴制优先和常用配合(摘自 GB/T 1801—1999)

基准轴	孔																				
	A	B	C	D	E	F	G	H	JS	K	M	N	P	R	S	T	U	V	X	Y	Z
	间隙配合								过渡配合				过盈配合								
h5						$\frac{F6}{h5}$	$\frac{G6}{h5}$	$\frac{H6}{h5}$	$\frac{JS6}{h5}$	$\frac{K6}{h5}$	$\frac{M6}{h5}$	$\frac{N6}{h5}$	$\frac{P6}{h5}$	$\frac{R6}{h5}$	$\frac{S6}{h5}$	$\frac{T6}{h5}$					
h6						$\frac{F7}{h6}$	$\frac{G7}{h6}$	$\frac{H7}{h6}$	$\frac{JS7}{h6}$	$\frac{K7}{h6}$	$\frac{M7}{h6}$	$\frac{N7}{h6}$	$\frac{P7}{h6}$	$\frac{R7}{h6}$	$\frac{S7}{h6}$	$\frac{T7}{h6}$	$\frac{U7}{h6}$				
h7					$\frac{E8}{h7}$	$\frac{F8}{h7}$		$\frac{H8}{h7}$	$\frac{JS8}{h7}$	$\frac{K8}{h7}$	$\frac{M8}{h7}$	$\frac{N8}{h7}$									
h8				$\frac{D8}{h8}$	$\frac{E8}{h8}$	$\frac{F8}{h8}$		$\frac{H8}{h8}$													
h9				$\frac{D9}{h9}$	$\frac{E9}{h9}$	$\frac{F9}{h9}$		$\frac{H9}{h9}$													

(续)

基准轴	孔																		
	A	B	C	D	E	F	G	H	JS	K	M	N	P	R	S	T	U	V	X	Y	Z
	间隙配合								过渡配合				过盈配合							
h10				$\dfrac{D10}{h10}$				$\dfrac{H10}{h10}$													
h11	$\dfrac{A11}{h11}$	$\dfrac{B11}{h11}$	▼$\dfrac{C11}{h11}$	$\dfrac{D11}{h11}$				▼$\dfrac{H11}{h11}$													
h12		$\dfrac{R12}{h12}$						$\dfrac{H12}{h12}$													

注：标注▼的配合为优先配合。

表 3-4 优先配合特性及应用举例

基孔制	基轴制	优先配合特性及应用举例
$\dfrac{H11}{c11}$	$\dfrac{C11}{h11}$	间隙非常大，用于很松的、转动很慢的动配合，或要求大公差与大间隙的外露组件，或要求装配方便且很松的配合
$\dfrac{H9}{d9}$	$\dfrac{D9}{h9}$	间隙很大的自由转动配合，用于精度非主要要求时，或有大的温度变动、高转速或大的轴颈压力时
$\dfrac{H8}{f7}$	$\dfrac{F8}{h7}$	间隙不大的转动配合，用于中等转速与中等轴颈压力的精确转动，也用于装配较易的中等定位配合
$\dfrac{H7}{g6}$	$\dfrac{G7}{h6}$	间隙很小的滑动配合，用于不希望自由转动，但可自由移动和滑动并精密定位时，也可用于要求明确的定位配合
$\dfrac{H7}{h6}\dfrac{H8}{f7}$ $\dfrac{H9}{h9}\dfrac{H11}{h11}$	$\dfrac{H7}{h6}\dfrac{H8}{f7}$ $\dfrac{H9}{h9}\dfrac{H11}{h11}$	均为间隙定位配合，零件可自由装拆，而工作时一般相对静止不动。在最大实体条件下的间隙为零，在最小实体条件下的间隙由公差等级决定
$\dfrac{H7}{k6}$	$\dfrac{K7}{h6}$	过渡配合，用于精密定位
$\dfrac{H7}{n6}$	$\dfrac{N7}{h6}$	过渡配合，允许有较大过盈的更精密定位
$\dfrac{H7}{p6}$	$\dfrac{P7}{h6}$	过盈定位配合，过盈配合，用于定位精度特别重要时，能以最好的定位精度达到部件的刚性及对中性要求，而对内孔承受压力无特殊要求，不依靠配合的紧固性传递摩擦负荷
$\dfrac{H7}{s6}$	$\dfrac{S7}{h6}$	中等压入配合，适用于一般钢件，或用于薄壁件的冷缩配合，用于铸铁件可得到最紧的配合
$\dfrac{H7}{u6}$	$\dfrac{U7}{h6}$	压入配合，适用于可以承受大压入力的零件或不宜承受大压入力的冷缩配合

表 3-5 公差等级与与加工方法的关系

加工方法	公差等级 (IT)																
	01	0	1	2	3	4	5	6	7	8	9	10	11	12	13	14	15	16
研磨	━━━━━━━━━━━━																
圆磨、平磨							━━━━━━━━━━										
金刚石车							━━━━━										
金刚石镗							━━━━━										
铰孔								━━━━━━━								
车、镗									━━━━━━━							
铣									━━━━━━							
刨、插										━━━━						
钻孔											━━━━━━					
冲压											━━━━━━					
压铸												━━━━				
锻造																

表 3-6 轴公差带的极限偏差(摘自 GB/T 1800.4—1999)

基本尺寸/mm		常用及优先公差带(带圈者为优先公差带)										
		a	b		c			d			e		
大于	至	11	11	12	9	10	⑪	8	⑨	10	11	7	8	9
—	3	−270 −330	−140 −200	−140 −240	−60 −85	−60 −100	−60 −120	−20 −34	−20 −45	−20 −60	−20 −80	−14 −24	−14 −28	−14 −39
3	6	−270 −345	−140 −215	−140 −260	−70 −100	−70 −118	−70 −145	−30 −48	−30 −60	−30 −78	−30 −105	−20 −32	−20 −38	−20 −50
6	10	280 −370	−150 −240	−150 −300	−80 −116	−80 −138	−80 −170	−40 −62	−40 −76	−40 −98	−40 −130	−25 −40	−25 −47	−25 −61
10	14	−290 −400	−150 −260	−150 −330	−95 −138	−95 −165	−95 −205	−50 −77	−50 −93	−50 −120	−50 −160	−32 −50	−32 −59	−32 −75
14	18													
18	24	−300 −430	−160 −290	−160 −370	−110 −162	−110 −194	−110 −240	−65 −98	−65 −117	−65 −149	−65 −195	−40 −61	−40 −73	−40 −92
24	30													
30	40	−310 −470	−170 −330	−170 −420	−120 −182	−120 −220	−120 −280	−80 −119	−80 −142	−80 −180	−80 −240	−50 −75	−50 −89	−50 −112
40	50	−320 −480	−180 −340	−180 −430	−130 −192	−130 −230	−130 −290							

附录3 极限与配合

(续)

基本尺寸/mm		常用及优先公差带(带圈者为优先公差带)											
		a	b		c			d			e		
大于	至	11	11	12	9	10	⬜	8	⑨	10	11	7	8	9
50	65	−340 −530	−190 −380	−190 −490	−140 −214	−140 −260	−140 −330	−100 −146	−100 −174	−100 −220	−100 −290	−60 −90	−60 −106	−60 −134
65	80	−360 −550	−200 −390	−200 −500	−150 −224	−150 −270	−150 −340							
80	100	−380 −600	−220 −440	−220 −570	−170 −257	−170 −310	−170 −390	−120 −174	−120 −207	−120 −260	−120 −340	−72 −107	−72 −126	−72 −159
100	120	−410 −630	−240 −460	−240 −590	−180 −267	−180 −320	−180 −400							
120	140	−460 −710	−260 −510	−260 −660	−200 −300	−200 −360	−200 −450	−145 −208	−145 −245	−145 −305	−145 −395	−85 −125	−85 −148	−85 −185
140	160	−520 −770	−280 −530	−280 −680	−210 −310	−210 −370	−210 −460							
160	180	−580 −830	−310 −560	−310 −710	−230 −330	−230 −390	−230 −480							
180	200	−660 −950	−340 −630	−340 −800	−240 −355	−240 −425	−240 −530	−170 −242	−170 −285	−170 −355	−170 −460	−100 −146	−100 −172	−100 −215
200	225	−740 −030	−380 −670	−380 −840	−260 −375	−260 −445	−260 −550							
225	250	−820 −1110	−420 −710	−420 −880	−280 −395	−280 −465	−280 −570							
250	280	−920 −1240	−480 −800	−480 −1000	−300 −430	−300 −510	−300 −620	−190 −271	−190 −320	−190 −400	−190 −510	−110 −162	−110 −191	−110 −240
280	315	−1050 −1370	−540 −860	−540 −1060	−330 −460	−330 −540	−330 −650							
315	355	−1200 −1560	−600 −960	−600 −1170	−360 −500	−360 −590	−360 −720	−210 −299	−210 −350	−210 −440	−210 −570	−125 −182	−125 −214	−125 −265
355	400	−1350 −1710	−680 −1040	−680 −1250	−400 −540	−400 −630	−400 −760							
400	450	−1500 −1900	−760 −1160	−760 −1390	−440 −595	−440 −690	−440 −840	−230 −327	−230 −385	−230 −480	−230 −630	−135 −198	−135 −232	−135 −290
450	500	−1650 −2050	−840 −1240	−840 −1470	−480 −635	−480 −730	−480 −880							

注：基本尺寸小于1mm时，各级的 a 和 b 均不采用(摘自GB/T 1800.4—1999)。

表 3-7 轴公差带的极限偏差(摘自 GB/T1800.4—1999) μm

基本尺寸/mm 大于	至	f 5	f 6	f ⑦	f 8	f 9	g 5	g ⑥	g 7	h 5	h ⑥	h ⑦	h 8	h 9	h 10	h ⑪
—	3	−6 −10	−6 −12	−6 −16	−6 −20	−6 −31	−2 −6	−2 −8	−2 −12	0 −4	0 −6	0 −10	0 −14	0 −25	0 −40	0 −60
3	6	−10 −15	−10 −18	−10 −22	−10 −28	−10 −40	−4 −9	−4 −12	−4 −16	0 −5	0 −8	0 −12	0 −18	0 −30	0 −48	0 −75
6	10	−13 −19	−13 −22	−13 −28	−13 −35	−13 −49	−5 −11	−5 −14	−5 −20	0 −6	0 −9	0 −15	0 −22	0 −36	0 −58	0 −90
10	14	−16 −24	−16 −27	−16 −34	−16 −43	−16 −59	−6 −14	−6 −17	−6 −24	0 −8	0 −11	0 −18	0 −27	0 −43	0 −70	0 −110
14	18															
18	24	−20 −29	−20 −33	−20 −41	−20 −53	−20 −72	−7 −16	−7 −20	−7 −28	0 −9	0 −13	0 −21	0 −33	0 −52	0 −84	0 −130
24	30															
30	40	−25 −36	−25 −41	−25 −50	−25 −64	−25 −87	−9 −20	−9 −25	−9 −34	0 −11	0 −16	0 −25	0 −39	0 −62	0 −100	0 −160
40	50															
50	65	−30 −43	−30 −49	−30 −60	−30 −76	−30 −104	−10 −23	−10 −29	−10 −40	0 −13	0 −19	0 −30	0 −46	0 −74	0 −120	0 −190
65	80															
80	100	−36 −51	−36 −58	−36 −71	−36 −90	−36 −123	−12 −27	−12 −34	−12 −47	0 −15	0 −22	0 −35	0 −54	0 −87	0 −140	0 −220
100	120															
120	140	−43 −61	−43 −68	−43 −83	−43 −106	−43 −143	−14 −32	−14 −39	−14 −54	0 −18	0 −25	0 −40	0 −63	0 −100	0 −160	0 −250
140	160															
160	180															
180	200	−50 −70	−50 −79	−50 −96	−50 −122	−50 −165	−15 −35	−15 −44	−15 −61	0 −20	0 −29	0 −46	0 −72	0 −115	0 −185	0 −290
200	225															
225	250															
250	280	−56 −79	−56 −88	−56 −108	−56 −137	−56 −186	−17 −40	−17 −49	−17 −69	0 −23	0 −32	0 −52	0 −81	0 −130	0 −210	0 −320
280	315															
315	355	−62 −87	−62 −98	−62 −119	−62 −151	−62 −202	−18 −43	−18 −54	−18 −75	0 −25	0 −36	0 −57	0 −87	0 −140	0 −230	0 −360
355	400															
400	450	−68 −95	−68 −108	−68 −131	−68 −165	−68 −223	−20 −47	−20 −60	−20 −83	0 −27	0 −40	0 −63	0 −97	0 −155	0 −250	0 −400
450	500															

（续）

基本尺寸/mm		常用及优先公差带（带圈者为优先公差带）												
		f					g			h				
大于	至	5	6	⑦	8	9	5	⑥	7	5	⑥	⑦	8	9	10	⑪
—	3	±2	±3	±5	+4 0	+6 0	+10 0	+6 +2	+8 +2	+12 +2	+8 +4	+10 +4	+14 +4	+10 +6	+12 +6	+16 +6
3	6	±2.5	±4	±6	+6 +1	+9 +1	+13 +1	+9 +4	+12 +4	+16 +4	+13 +8	+16 +8	+20 +8	+17 +12	+20 +12	+24 +12
6	10	±3	±4.5	±7	+7 +1	+10 +1	+16 +1	+12 +6	+15 +6	+21 +6	+1 +10	+19 +10	+25 +10	+21 +15	+24 +15	+30 +15
10	14	±4	±5.5	±9	+9 +1	+12 +1	+19 +1	+15 +7	+18 +7	+25 +7	+20 +12	+23 +12	+30 +12	+26 +18	+29 +18	+36 +18
14	18															
18	24	±4.5	±6.5	±10	+11 +2	+15 +2	+23 +2	+17 +8	+21 +8	+29 +8	+24 +15	+28 +15	+36 +15	+31 +22	+35 +22	+43 +22
24	30															
30	40	±5.5	±8	±12	+13 +2	+18 +2	+27 +2	+20 +9	+25 +9	+34 +9	+28 +17	+33 +17	+42 +17	+37 +26	+42 +26	+51 +26
40	50															
50	65	±6.5	±9.5	±15	+15 +2	+21 +2	+32 +2	+24 +11	+30 +11	+41 +11	+33 +20	+39 +20	+50 +20	+45 +32	+51 +32	+62 +32
65	80															
80	100	±7.5	±11	±17	+18 +3	+25 +3	+38 +3	+28 +13	+35 +13	+48 +13	+38 +23	+45 +23	+58 +23	+52 +37	+59 +37	+72 +37
100	120															
120	140	±9	±12.5	±20	+21 +3	+28 +3	+43 +3	+33 +15	+40 +15	+55 +15	+45 +27	+52 +27	+67 +27	+61 +43	+68 +43	+83 +43
140	160															
160	180															
180	200	±10	±14.5	±23	+24 +4	+33 +4	+50 +4	+37 +17	+46 +17	+63 +17	+54 +31	+60 +31	+77 +31	+70 +50	+79 +50	+96 +50
200	225															
225	250															
250	280	±11.5	±16	±26	+27 +4	+36 +4	+56 +4	+43 +20	+52 +20	+72 +20	+57 +34	+66 +34	+86 +34	+79 +56	+88 +56	+108 +56
280	315															
315	355	±12.5	±18	±28	+29 +4	+40 +4	+61 +4	+46 +21	+57 +21	+78 +21	+62 +37	+73 +37	+94 +37	+87 +62	+98 +62	+119 +62
355	400															
400	450	±13.5	±20	±31	+32 +5	+45 +5	+68 +5	+50 +23	+63 +23	+86 +23	+67 +40	+80 +40	+103 +40	+95 +68	+108 +68	+131 +68
450	500															

(续)

r			s			t			u		v	x	y	z
5	6	7	5	⑥	7	5	6	7	⑥	7	6	6	6	6
+14 +10	+16 +10	+20 +10	+18 +14	+20 +14	+24 +14	—	—	—	+24 +18	+28 +18	—	+26 +20	—	+32 +26
+20 +15	+23 +15	+27 +15	+24 +19	+27 +19	+31 +19	—	—	—	+31 +23	+35 +23	—	+36 +28	—	+43 +35
+25 +19	+28 +19	+34 +19	+29 +23	+32 +23	+38 +23	—	—	—	+37 +28	+43 +28	—	+43 +34	—	+51 +42
+31	+34	+41	+36	+39	+46	—	—	—	+44	+51	—	+51 +40	—	+61 +50
+23	+23	+23	+28	+28	+28	—	—	—	+33	+33	+50 +39	+56 +45	—	+71 +60
+37	+41	+49	+44	+48	+56	—	—	—	+54 +41	+62 +41	+60 +47	+67 +54	+76 +63	+86 +73
+28	+28	+28	+35	+35	+35	+50 +41	+54 +41	+62 +41	+61 +43	+69 +43	+68 +55	+77 +64	+88 +75	+101 +88
+45	+50	+59	+54	+59	+68	+59 +48	+64 +48	+73 +48	+76 +60	+85 +60	+84 +68	+96 +80	+110 +94	+128 +112
+34	+34	+34	+43	+43	+43	+65 +54	+70 +54	+79 +54	+86 +70	+95 +70	+97 +81	+113 +97	+130 +114	+152 +136
+54 +41	+60 +41	+71 +41	+66 +53	+72 +53	+83 +53	+79 +66	+85 +66	+96 +66	+106 +87	+117 +87	+121 +102	+141 +122	+163 +144	+191 +172
+56 +43	+62 +43	+73 +43	+72 +59	+78 +59	+89 +59	+88 +75	+94 +75	+105 +75	+121 +102	+132 +102	+139 +120	+165 +146	+193 +174	+229 +210
+66 +51	+73 +51	+86 +51	+86 +71	+93 +71	+106 +71	+106 +91	+113 +91	+126 +91	+146 +124	+159 +124	+168 +146	+200 +178	+236 +214	+280 +258
+69 +54	+76 +54	+89 +54	+94 +79	+101 +79	+114 +79	+110 +104	+126 +104	+139 +104	+166 +144	+179 +144	+194 +172	+232 +210	+276 +254	+332 +310
+81 +63	+88 +63	+103 +63	+110 +92	+117 +92	+132 +92	+140 +122	+147 +122	+162 +122	+195 +170	+210 +170	+227 +202	+273 +248	+325 +300	+390 +365
+83 +65	+90 +65	+105 +65	+118 +100	+125 +100	+140 +100	+152 +134	+159 +134	+174 +134	+215 +190	+230 +190	+253 +228	+305 +280	+365 +340	+440 +415
+86 +68	+93 +68	+108 +68	+126 +108	+133 +108	+148 +108	+164 +146	+171 +146	+186 +146	+235 +210	+250 +210	+277 +252	+335 +310	+405 +380	+490 +465
+97 +77	+106 +77	+123 +77	+142 +122	+151 +122	+168 +122	+186 +166	+195 +166	+212 +166	+265 +236	+282 +236	+313 +284	+379 +350	+454 +425	+549 +520
+100 +80	+109 +80	+126 +80	+150 +130	+159 +130	+176 +130	+200 +180	+209 +180	+226 +180	+287 +258	+304 +258	+339 +310	+414 +385	+499 +470	+604 +575

(续)

r			s			t			u		v	x	y	z
5	6	7	5	⑥	7	5	6	7	⑥	7	6	6	6	6
+104 +84	+113 +84	+130 +84	+160 +140	+169 +140	+186 +140	+216 +196	+225 +196	+242 +196	+313 +284	+330 +284	+369 +340	+454 +425	+549 +520	+669 +640
+117 +94	+126 +94	+146 +94	+181 +158	+290 +158	+210 +158	+241 +218	+250 +218	+270 +218	+347 +315	+367 +315	+417 +385	+507 +475	+612 +580	+742 +710
+121 +98	+130 +98	+150 +98	+193 +170	+202 +170	+222 +170	+263 +240	+272 +240	+292 +240	+382 +350	+402 +350	+457 +425	+557 +525	+682 +650	+322 +790
+133 +108	+144 +108	+165 +108	+215 +190	+226 +190	+247 +190	+293 +268	+304 +268	+325 +268	+426 +390	+447 +390	+511 +475	+626 +590	+766 +730	+936 +900
+139 +114	+150 +114	+171 +114	+233 +208	+244 +208	+265 +208	+319 +294	+330 +294	+351 +294	+471 +435	+492 +435	+566 +530	+696 +660	+856 +820	+1036 +1000
+153 +126	+166 +126	+189 +126	+259 +232	+272 +232	+295 +232	+357 +330	+370 +330	+393 +330	+530 +490	+553 +490	+635 +595	+780 +740	+960 +920	+1140 +1100
+159 +132	+172 +132	+195 +132	+279 +252	+292 +252	+315 +252	+387 +360	+400 +360	+423 +360	+580 +540	+603 +540	+700 +660	+860 +820	+1040 +1000	+1290 +1250

注：带圈者为优先公差带。

表 3-8 标准公差数值(摘自 GB/T 1800.3—1999)　　μm

基本尺寸 /mm	公差等级										
	IT01	IT0	IT1	IT2	IT3	IT4	IT5	IT6	IT7	IT8	IT9
>3~6	0.4	0.6	1	1.5	2.5	4	5	8	12	18	30
>6~10	0.4	0.6	1	1.5	2.5	4	6	9	15	22	36
>10~18	0.5	0.8	1.2	2	3	5	8	11	18	27	43
>18~30	0.6	1	1.5	2.5	4	6	9	13	21	33	52
>30~50	0.6	1	1.5	2.5	4	7	11	16	25	39	62
>50~80	0.8	1.2	2	3	5	8	13	19	30	46	74
>80~120	1	1.5	2.5	4	6	10	15	22	35	54	87

基本尺寸 /mm	公差等级								
	IT10	IT11	IT12	IT13	IT14	IT15	IT16	IT17	IT18
>3~6	48	75	120	180	300	480	750	1200	1800
>6~10	58	90	150	220	360	580	900	1500	2200
>10~18	70	110	180	270	430	700	1100	1800	2700
>18~30	84	130	210	330	520	840	1300	2100	3300
>30~50	100	160	250	390	620	1000	1600	2500	3900
>50~80	120	190	300	460	740	1200	1900	3000	4600
>80~120	140	220	350	540	870	1400	2200	3500	5400

附录4 常用的标准件

1. 六角头螺栓

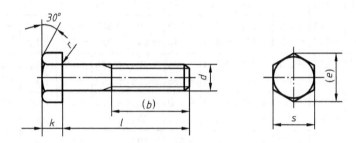

螺纹规格 d=M12、公称长度 l=80mm、性能等级为8.8级、表面氧化、A级的六角螺栓。

标记：螺栓 GB/T 5782—2000 M12×80

附表4-1 六角头螺栓—A和B级(GB/T 5782—2000) 单位：mm

螺纹规格 d		M3	M4	M5	M6	M8	M10	M12	(M14)	M16	(M18)	M20	(M22)	M24	(M27)	M30	M36
s		5.5	7	8	10	13	16	18	21	24	27	30	34	36	41	46	55
K		2	2.8	3.5	4	5.3	6.4	7.5	8.8	10	11.5	12.5	14	15	17	18.7	22.5
r		0.1	0.2	0.2	0.25	0.4	0.4	0.6	0.6	0.6	0.6	0.8	1	0.8	1	1	1
e	A	6.01	7.66	8.79	11.05	14.38	17.77	20.03	23.36	26.75	30.14	33.53	37.72	39.98	—	—	—
	B	5.88	7.50	8.63	10.89	14.20	17.59	19.85	22.78	26.17	29.56	32.95	37.29	39.55	45.2	50.85	51.11
(b)GB/T 5782	l≤125	12	14	16	18	22	26	30	34	38	42	46	50	54	60	66	—
	125<l≤200	18	20	22	24	28	32	36	40	44	48	52	56	60	66	72	84
	l>200	31	33	35	37	41	45	49	53	57	61	65	69	73	79	85	97
l范围 (GB/T 5782)		20~30	25~40	25~50	30~60	40~80	45~100	50~120	60~140	65~160	70~180	80~200	90~220	90~240	100~260	110~300	140~360
l范围 (GB/T 5782)		6~30	8~40	10~50	12~60	16~80	20~100	25~120	30~140	30~150	35~150	40~150	45~150	50~150	55~200	60~200	70~200
l系列		6, 8, 10, 12, 16, 20, 25, 30, 35, 40, 45, 50, 55, 60, 65, 70, 80, 90, 100, 110, 120, 130, 140, 150, 160, 180, 200, 220, 240, 260, 280, 300, 320, 340, 360, 380, 400, 420, 440, 460, 480, 500															

2. 双头螺柱

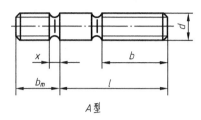

A型

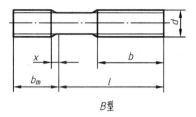

B型

$b_m = 1d$ (GB/T 897—1988)　　$b_m = 1.25d$ (GB/T 898—1988)
$b_m = 1.5d$ (GB/T 899—1988)　　$b_m = 2d$ (GB/T 900—1988)

两端均为粗牙普通螺纹、螺纹规格 d=M10、公称长度 l=50mm、性能等级为 4.8 级、不经表面处理、$b_m = 1d$、B 型的双头螺柱。

标记：螺柱　GB/T 897—1988　M10×50

例如，旋入机件一端为粗牙普通螺纹、旋入螺母一端为螺距 P=1mm 的细牙普通螺纹、$b_m = d$、螺纹规格 d=M10、公称长度 l=50mm、性能等级为 4.8 级、不经表面处理、A 型、$b_m = 1d$ 的双头螺柱，标记为：

螺柱　GB/T 897—2000　AM10—M10×1×50

附表 4-2　双头螺柱 (GB/T 897—2000)　　　　　　　　单位：mm

螺纹规格 d	b_m				l/b
	GB/T 897—1988	GB/T 898—1988	GB/T 899—1988	GB/T 900—1988	
M5	5	6	8	10	$\frac{16 \sim 20}{10}$、$\frac{25 \sim 50}{16}$
M6	6	8	10	12	$\frac{20}{10}$、$\frac{25 \sim 30}{14}$、$\frac{35 \sim 70}{18}$
M8	8	10	12	16	$\frac{20}{12}$、$\frac{25 \sim 30}{16}$、$\frac{35 \sim 90}{22}$
M10	10	12	15	20	$\frac{25}{14}$、$\frac{30 \sim 35}{16}$、$\frac{40 \sim 120}{26}$、$\frac{130}{32}$
M12	12	15	18	24	$\frac{25 \sim 30}{16}$、$\frac{35 \sim 40}{20}$、$\frac{45 \sim 120}{30}$、$\frac{130 \sim 180}{36}$
M16	16	20	24	32	$\frac{30 \sim 35}{20}$、$\frac{40 \sim 55}{30}$、$\frac{60 \sim 120}{38}$、$\frac{130 \sim 200}{44}$
M20	20	25	30	40	$\frac{35 \sim 40}{25}$、$\frac{45 \sim 60}{35}$、$\frac{70 \sim 120}{46}$、$\frac{130 \sim 200}{52}$
M24	24	30	36	48	$\frac{45 \sim 50}{30}$、$\frac{60 \sim 75}{45}$、$\frac{80 \sim 120}{54}$、$\frac{130 \sim 200}{60}$
M30	30	38	45	60	$\frac{60 \sim 65}{40}$、$\frac{70 \sim 90}{50}$、$\frac{95 \sim 120}{66}$、$\frac{130 \sim 200}{72}$、$\frac{210 \sim 250}{75}$
M36	36	45	54	72	$\frac{65 \sim 75}{45}$、$\frac{80 \sim 110}{60}$、$\frac{120}{78}$、$\frac{130 \sim 200}{84}$、$\frac{210 \sim 300}{97}$
l 系列	16、20、25、30、35、40、45、50、(55)、60、(65)、70、(75)、80、(85)、90、(95)、100、110、120、130、140、150、160、170、180、190、200、210、220、230、240、250、260、280、300				

3. 螺钉

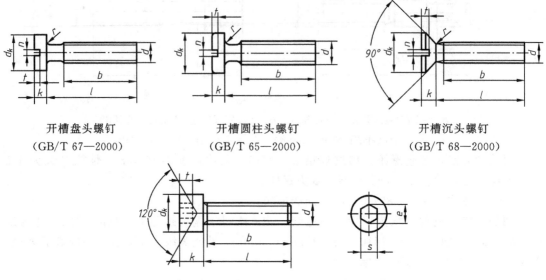

开槽盘头螺钉　　　　开槽圆柱头螺钉　　　　开槽沉头螺钉
(GB/T 67—2000)　　　(GB/T 65—2000)　　　(GB/T 68—2000)

内六角圆柱头螺钉(GB/T 70.1—2000)

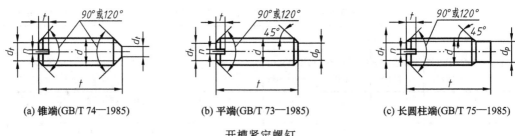

(a) 锥端(GB/T 74—1985)　　(b) 平端(GB/T 73—1985)　　(c) 长圆柱端(GB/T 75—1985)

开槽紧定螺钉

螺纹规格 d=M5、公称长度 l=20mm、性能等级为 4.8 级、不经表面处理的开槽圆柱头螺钉。

标记：螺钉　GB/T 65—2000　M5×20

螺纹规格 d=M5、公称长度 l=20mm、性能等级为 8.8 级、表面氧化的内六角圆柱头螺钉。

标记：螺钉　GB/T 70.1—2000　M5×20

螺纹规格 d=M5、公称长度 l=12mm、性能等级为 14H 级、表面氧化的开槽锥端紧定螺钉。

标记：螺钉　GB/T 71—1985　M5×12

附表 4-3　螺钉(GB/T 65—2000，GB/T 68—2000，GB/T 67—2000)　单位：mm

	螺纹规格 d	M1.6	M2	M2.5	M3	M4	M5	M6	M8	M10
GB/T 65 —2000	d_k					7	8.5	10	13	16
	k					2.6	3.3	3.9	5	6
	l　min					1.1	1.3	1.6	2	2.4

(续)

螺纹规格 d		M1.6	M2	M2.5	M3	M4	M5	M6	M8	M10
GB/T 65 —2000	r min					0.2	0.2	0.25	0.4	0.4
	l					5~40	6~50	8~60	10~80	12~80
	全螺纹时最大长度					40	40	40	40	40
GB/T 67 —2000	d_k	3.2	4	5	5.6	8	9.5	12	16	23
	K	1	1.3	1.5	1.8	2.4	3	3.6	4.8	6
	l min	0.35	0.5	0.6	0.7	1	1.2	1.4	1.9	2.4
	r min	0.1	0.1	0.1	0.1	0.2	0.2	0.25	0.4	0.4
	L	2~16	2.5~20	3~25	4~30	5~40	6~50	8~60	10~80	12~80
	全螺纹时最大长度	30	30	30	30	40	40	40	40	40
GB/T 68 —2000	d_k	3	3.8	4.7	5.5	8.4	9.3	11.3	15.8	18.3
	K	1	1.2	1.5	1.65	2.7	2.7	3.3	4.65	5
	l min	0.32	0.4	0.5	0.6	1	1.1	1.2	1.8	2
	r max	0.4	0.5	0.6	0.8	1	1.3	1.5	2	2.5
	l	2.5~16	3~20	4~25	5~30	6~40	8~50	8~60	10~80	12~80
	全螺纹时最大长度	30	30	30	30	45	45	45	45	45
n		0.4	0.5	0.6	0.8	1.2	1.2	1.6	2	2.5
b		25				38				
l 系列		2、2.5、3、4、5、6、8、10、12、(14)、16、20、25、30、35、40、45、50、(55)、60、(65)、70、(75)、80								

附表 4-4 内六角圆柱头螺 (GB/T 70.1—2000) 单位：mm

螺纹规格 d	M2.5	M3	M4	M5	M6	M8	M10	M12	(M14)	M16	M20	M24	M30	M36
d_k max	4.5	5.5	7	8.5	10	13	16	18	21	24	30	36	45	54
k max	2.5	3	4	5	6	8	10	12	14	16	20	24	30	36
l min	1.1	1.3	2	2.5	3	4	5	6	7	8	10	12	15.5	19
r	0.1		0.2		0.25		0.4		0.6			0.8		1
s	2	2.5	3	4	5	6	8	10	12	14	17	19	22	27
e	2.3	2.87	3.44	4.58	5.72	6.86	9.15	11.43	13.72	16	19.44	21.73	25.15	30.85
h(参考)	17	18	20	22	24	28	32	36	40	44	52	60	72	84
l 系列	2.5, 3, 4, 5, 6, 8, 10, 12, 16, 20, 25, 30, 35, 40, 45, 50, 55, 60, 65, 70, 80, 90, 100, 110, 120, 130, 140, 150, 160, 180, 200													

注：① b 不包括螺尾。
② M3~M20 为商品规格，其他为通用规格。
③ GB/T 68 当 $d \leqslant 3$, $l \leqslant 30$ 时，及当 $d > 3$、$l \leqslant 45$ 时，螺杆制出全螺纹。

附表 4-5　开槽紧定螺钉（GB/T 71—1985，GB/T 73—1985，GB/T 75—1985）　　单位：mm

螺纹规格 d	M2	M2.5	M3	M4	M5	M6	M8	M10	M12
d_f	螺纹小径								
d_t	0.2	0.25	0.3	0.4	0.5	1.5	2	2.5	3
d_p	1	1.5	2	2.5	3.5	4	5.5	7	8.5
n	0.25	0.4	0.4	0.6	0.8	1	1.2	1.6	2
l	0.84	0.95	1.05	1.42	1.63	2	2.5	3	3.6
z	1.25	1.5	1.75	2.25	2.75	3.25	4.3	5.3	6.3
l 系列	2，2.5，3，4，5，6，8，10，12，(14)，16，20，25，30，35，40，45，50，(55)，60								

4. 螺母

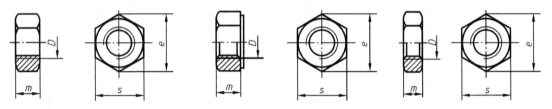

1 型六角螺母—A 级和 B 级　　　　2 型六角螺母—A 级和 B 级　　　　六角薄螺母—C 级
　（GB/T 6170—2000）　　　　　　　（GB/T 6175—2000）　　　　　　　（GB/T 6172.1—2000）

螺纹规格 D＝M12、性能等级为 5 级、不经表面处理、C 级的 1 型六角螺母。

标记：螺母 GB/T 6170—2000　M12

附表 4-6　螺母（GB/T 41—2000，GB/T 6170—2000，GB/T 6172.1—2000）　　单位：mm

螺纹规格 D		M3	M4	M5	M6	M8	M10	M12	(M14)	M16	(M18)	M20	(M22)	M24	(M27)	M30	M36	M42	M48
e min	GB/T 41	—	—	8.63	10.89	14.20	17.59	19.85	22.78	26.17	29.56	32.95	37.29	39.55	45.2	50.85	60.79	71.3	82.6
	GB/T 6170	6.01	7.66	8.79	11.05	14.38	17.77	20.03	23.36	26.75	29.56	32.95	37.29	39.55	45.2	50.85	60.79	71.3	82.6
	GB/T 6172.1	6.01	7.66	8.79	11.05	14.38	17.77	20.03	23.36	26.75	29.56	32.95	37.29	39.55	45.2	50.85	60.79	71.3	82.6
S		5.5	7	8	10	13	16	18	21	24	27	30	34	36	41	46	55	65	75
m max	GB/T 6170	2.4	3.2	4.7	5.2	6.8	8.4	10.8	12.8	14.8	15.8	18	19.4	21.5	23.8	25.6	31	34	38
	GB/T 6172.1	1.8	2.2	2.7	3.2	4	5	6	7	8	9	10	11	12	13.5	15	18	21	24
	GB/T 41	—	—	5.6	6.4	7.9	9.5	12.2	13.9	15.9	16.9	19	20.2	22.3	24.7	26.4	31.5	34.9	38.9

注：(1) 不带括号的为优先系列。

　　(2) A 级用于 $D\leqslant 16$ 的螺母；B 级用于 $D>16$ 的螺母。

5. 垫圈

（1）平垫圈

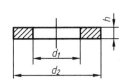 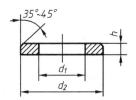

平垫圈—A 级(GB/T 97.1—2002)　　　　平垫圈倒角型—A 级(GB/T 97.2—2002)

标准系列,公称尺寸 $d=8$mm,由钢制造的硬度等级为 200HV 级,不经表面处理、产品等级为 A 级的平垫圈。

标记：垫圈　GB/T 97.1—2002　8

附表 4-7　垫圈(GB/T 97.1—2002,GB/T 97.2—2002)　　　　单位：mm

规格(螺纹直径)	2	2.5	3	4	5	6	8	10	12	14	16	20	24	30
内径 d_1	2.2	2.7	3.2	4.3	5.3	6.4	8.4	10.5	13	15	17	21	25	31
外径 d_2	5	6	7	9	10	12	16	20	24	28	30	37	44	56
厚度 h	0.3	0.5	0.5	0.8	1	1.6	1.6	2	2.5	2.5	3	3	4	4

(2) 弹簧垫圈

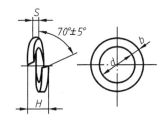 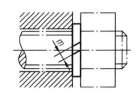

标准型弹簧垫圈(GB/T 93—1987)　　　　轻型弹簧垫圈(GB/T 859—1987)

公称直径 16mm、材料为 65Mn、表面氧化的标准型弹簧垫圈。

标记：垫圈　GB/T 93—1987　16

附表 4-8　垫圈(GB/T 93—1987,GB/T 859—1987)　　　　单位：mm

规格(螺纹直径)		2	2.5	3	4	5	6	8	10	12	16	20	24	30	36	42	48
d		2.1	2.6	3.1	4.1	5.1	6.2	8.2	10.2	12.3	16.3	20.5	24.5	30.5	36.6	42.6	49
H	GB/T 93—1987	1.2	1.6	2	2.4	3.2	4	5	6	7	8	10	12	13	14	16	18
	GB/T 859—1987	1	1.2	1.6	1.6	2	2.4	3.2	4	5	6.4	8	9.6	12			
$S(b)$	GB/T 93—1987	0.6	0.8	1	1.2	1.6	2	2.5	3	3.5	4	5	6	6.5	7	8	9
S	GB/T 859—1987	0.5	0.6	0.8	0.8	1	1.2	1.6	2	2.5	3.2	4	4.8	6			
$m\leqslant$	GB/T 93—1987	0.4		0.5	0.6	0.8	1	1.2	1.5	1.7	2	2.5	3	3.2	3.5	4	4.5
	GB/T 859—1987	0.3		0.4		0.5	0.6	0.8	1	1.2	1.6	2	2.4	3			
b	GB/T 859—1987	0.8		1		1.2	1.6	2	2.5	3.5	4.5	5.5	6.5	8			

6. 键

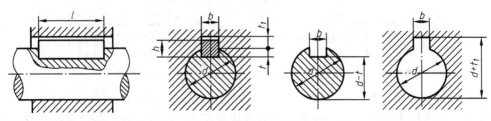

键和键槽的断面尺寸(GB/T 1095—2003)

普通平键的型式尺寸(GB/T 1096—2003)

圆头普通平键(A 型)　$b=16mm$、$h=10mm$、$L=100mm$。

标记：GB/T 1096—2003 键 16×100

附表 4-9　普通平键的型式尺寸(GB/T 1096—2003)　　　　　单位：mm

轴径	键		键槽				
			宽度			深度	
d	b	H	b	一般键连接偏差		轴 t	毂 t_1
				轴 N9	毂 JS9		
自 6～8	2	2	2	−0.004 −0.029	±0.0125	1.2	1
>8～10	3	3	3			1.8	1.4
>10～12	4	4	4	0 −0.030	±0.018	2.5	1.8
>12～17	5	5	5			3.0	2.3
>17～22	6	6	6			3.5	2.8
>22～30	8	7	8	0 −0.036	±0.018	4.0	3.3
>30～38	10	8	10			5.0	3.3
>38～44	12	8	12			5.0	3.3
>44～50	14	9	14	0 −0.043	±0.0215 ±0.026	5.5	3.8
>50～58	16	10	16			6.0	4.3
>58～65	18	11	18			7.0	4.4
>65～75	20	12	20			7.5	4.9
>75～85	22	14	22	0 −0.052	±0.026	9.0	5.4
>85～95	25	14	25			9.0	5.4
>95～110	28	16	28			10.0	6.4

(续)

轴径	键		键槽				
			宽度			深度	
d	b	H	b	一般键连接偏差		轴 t	毂 t_1
				轴 N9	毂 JS9		
>110~130	32	18	32	0 -0.062	±0.031	11.0	7.4
>130~150	36	20	36			12.0	8.4
>150~170	40	22	40			13.0	9.4
>170~200	45	25	45			15.0	10.4
l 系列	6、8、10、12、16、18、20、22、25、28、32、36、40、45、50、56、63、70、80、90、100、110、125、140、160、180、200、220、250、280、320、360、400、450						

7. 销

(1) 圆柱销

圆柱销(GB/T 119.1—2000)

公称直径 $d=8\text{mm}$、公差为 m6、长度 $l=30\text{mm}$、材料 35 钢、不经淬火、不经表面处理的圆柱销。

标记：销 GB/T 119.1—2000 8m6×30

附表 4-10　圆柱销(GB/T 119.1—2000)　　　　　单位：mm

d	1	1.2	1.5	2	2.5	3	4	5	6	8	10	12
$a\approx$	0.12	0.16	0.20	0.25	0.30	0.40	0.50	0.63	0.80	1.0	1.2	1.6
$c\approx$	0.20	0.25	0.30	0.35	0.40	0.50	0.63	0.80	1.2	1.6	2	2.5
l 系列	2、3、4、5、6、8、10、12、14、16、18、20、22、24、26、28、30、32、35、40、45、50、55、60、65、70、75、80、85、90、95、100、120、140											

(2) 圆锥销

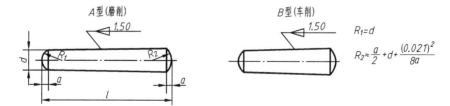

圆锥销(GB/T 117—2000)

公称直径 $d=10$mm、长度 $l=60$mm、材料 35 钢、热处理硬度 28～38HRC、表面氧化处理的 A 型圆柱销：

标记：销　GB/T 117　10×60

附表 4-11　圆锥销(GB/T 117—2000)　　　　　单位：mm

d	1	1.2	1.5	2	2.5	3	4	5	6	8	10	12
$a\approx$	0.12	0.16	0.2	0.25	0.3	0.4	0.5	0.63	0.8	1	1.2	1.6
l 系列	\multicolumn{12}{l}{2，3，4，5，6，8，10，12，14，16，18，20，22，24，26，28，30，32，35，40，45，50，55，60，65，70，75，80，85，90，95，100，120，140，160，180}

(3) 开口销

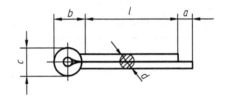

开口销(GB/T 91—2000)

公称直径 $d=5$mm、长度 $l=50$mm、材料 Q215 或 Q235、不经表面处理的开口销：

标记：销　GB/T 91—2000　5×50

附表 4-12　开口销(GB/T 91—2000)　　　　　单位：mm

d		1	1.2	1.6	2	2.5	3.2	4	5	6.3	8	10	13
e	max	1.8	2	2.8	3.6	4.6	5.8	7.4	9.2	11.8	15	19	24.8
	min	1.6	1.7	2.4	3.2	4	5.1	6.5	8	10.3	13.1	16.6	21.7
$b\approx$		3	3	3.2	4	5	6.4	8	10	12.6	16	20	36
a max		1.6	\multicolumn{4}{c}{2.5}		\multicolumn{2}{c}{3.2}		\multicolumn{3}{c}{4}	6.3
l 系列		\multicolumn{12}{l}{4，5，6，8，10，12，14，16，18，20，22，24，25，28，32，36，40，45，50，56，63，71，80，90，110，112，125，140，160，180，200，224，250}

附录5 砂轮越程槽

5-1 砂轮越程槽(GB/T 6403.5—1986)

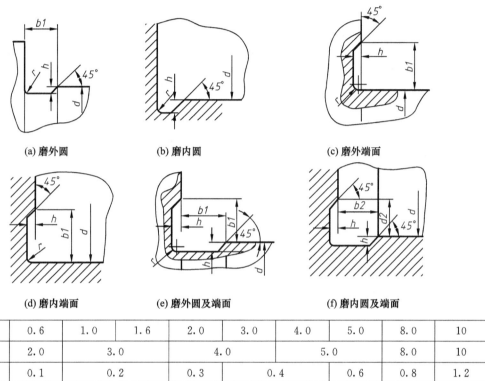

(a) 磨外圆　　(b) 磨内圆　　(c) 磨外端面

(d) 磨内端面　　(e) 磨外圆及端面　　(f) 磨内圆及端面

b_1	0.6	1.0	1.6	2.0	3.0	4.0	5.0	8.0	10
b_2	2.0	3.0			4.0		5.0	8.0	10
h	0.1	0.2		0.3		0.4	0.6	0.8	1.2
r	0.2	0.5		0.8		1.0	1.6	2.0	3.0
d	<10			>10~50			>50~100	>100	

5-2 零件的倒圆与倒角(GB/T 6403.4—1986)

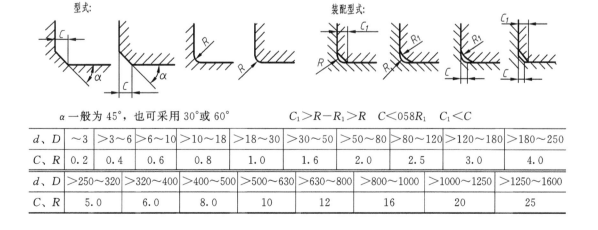

α 一般为45°，也可采用30°或60°　　$C_1>R-R_1>R$　$C<058R_1$　$C_1<C$

d、D	~3	>3~6	>6~10	>10~18	>18~30	>30~50	>50~80	>80~120	>120~180	>180~250
C、R	0.2	0.4	0.6	0.8	1.0	1.6	2.0	2.5	3.0	4.0
d、D	>250~320	>320~400	>400~500	>500~630	>630~800	>800~1000	>1000~1250	>1250~1600		
C、R	5.0	6.0	8.0	10	12	16	20	25		

参 考 文 献

[1] 李澄. 机械制图 [M]. 北京：高等教育出版社，2004.
[2] 吴卓. 机械制图 [M]. 北京：北京理工大学出版社，2005.
[3] 王兰美. 机械制图 [M]. 北京：高等教育出版社，2004.
[4] 刘小年. 机械制图 [M]. 北京：机械工业出版社，2004.
[5] 王巍. 机械制图 [M]. 北京：高等教育出版社，2004.
[6] 杨慧英. 机械制图 [M]. 北京：清华大学出版社，2002.
[7] 钱可强，何铭新. 机械制图 [M]. 5 版. 北京：高等教育出版社，2004.
[8] 钱自强，林大均，蔡祥兴. 大学工程制图 [M]. 上海：华东理工大学出版社，2005.
[9] 郭克希，王建国. 机械制图 [M]. 北京：机械工业出版社，2006.
[10] 刘朝儒，彭福荫，高治一. 机械制图 [M]. 北京：高等教育出版社，2001.
[11] 刘魁敏. 机械制图 [M]. 北京：机械工业出版社，2004.
[12] 胡宜鸣，孟淑华. 机械制图 [M]. 北京：高等教育出版社，2001.
[13] 冯秋官. 机械制图 [M]. 北京：机械工业出版社，2005.
[14] 高俊亭. 机械制图 [M]. 北京：高等教育出版社，2003.
[15] 李爱华，杨启美. 工程制图基础 [M]. 北京：高等教育出版社，2003.
[16] 焦永和，林宏. 画法几何及工程制图 [M]. 北京：北京理工大学出版社，2000.
[17] 唐克中，朱同钧. 画法几何及工程制图 [M]. 北京：高等教育出版社，2009.
[18] 梁德本，叶玉驹. 机械制图手册 [M]. 5 版. 北京：机械工业出版社，2002.